一煲好汤

萨巴蒂娜　主编

中国轻工业出版社

目录 CONTENTS

容量对照表

1 茶匙固体调料 = 5 克
1/2 茶匙固体调料 = 2.5 克
1 汤匙固体调料 = 15 克
1 茶匙液体调料 = 5 毫升
1/2 茶匙液体调料 = 2.5 毫升
1 汤匙液体调料 = 15 毫升

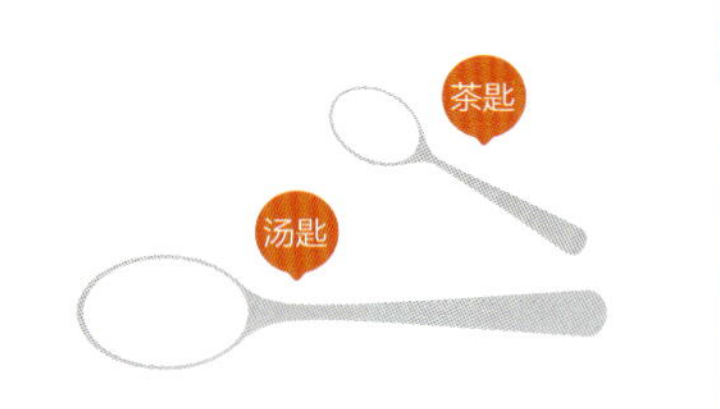

02
第二章
美味肉汤

03
第三章
禽类靓汤

04
第四章
河海鲜汤

05 第五章 快手生滚汤

06 第六章 能下饭的汤菜

亲爱的，来喝碗汤吧

我喜欢汤，尤其是去广东看姐姐的时候，喝过了那里的各种汤。

那里的汤，煲得浓浓的，格外滑舌，汤色就算是灰灰的，喝进嘴里也是无比惊艳，一口下去，喉咙都在笑，何况是嘴巴。每次都要叫两碗不一样的汤，在一堆粤语旁白中喝下去。是的，去广东就算什么都不吃，汤也要喝饱。

独居在上海九年，叫外卖的时候，经常会叫一罐特别烫的瓦罐汤，最喜欢排骨黄豆汤，配一小钵米饭，稀里哗啦吃下去，在阴冷潮湿的季节，也可以寻觅到一份暖意，更是给所有懒得做饭的人的恩赐。

忽然又想起来，长居上海后第一天上班，就被同事带去吃黄鱼面，我这个北方人觉得面很一般，但是那汤头太棒了，鱼肉拆散混在牛奶一样的汤里，我几口就喝光了。

日本的拉面，无论是 700 日元，还是 2000 日元，我爱的也是那汤。每次都希望面要少，汤要多，撒上点小葱粒，佐着半熟的蛋黄一起下肚，简直快哉美哉。

北方的汤，多半快手，独爱榨菜肉丝汤与番茄蛋汤，还有妈妈做的冬瓜丸子粉丝汤，爱极爱极。

我自己最喜欢带着爱犬去菜市场买几根排骨，用冰箱里找到的蔬菜，一起煲，只放姜和盐，和一点十五年陈的陈皮。

所以，这应该是我出的第三本汤的书了。

此生情未尽，汤尚浓。我心中最动人的情话，应该是：亲爱的，来喝碗汤吧。

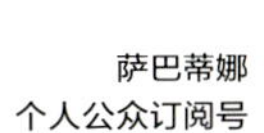

萨巴小传：本名高欣茹。萨巴蒂娜是当时出道写美食书时用的笔名。曾主编过五十多本畅销美食图书，出版过小说《厨子的故事》，美食散文集《美味关系》。现任“萨巴厨房”主编。

01

第一章

浓情骨汤

日出江花不如它

番茄排骨汤

烹饪时间 130 分钟

难易程度 简单

特色

厌倦了老火汤的清淡，向锅里丢一颗番茄吧，酸酸甜甜的味道直击你的味蕾，让你一碗接一碗喝到欲罢不能。

烹饪秘笈

给番茄去皮的时候可以在番茄的顶部用刀划一个十字，用开水烫一下就很容易去皮了。

— 主料 —

猪排骨	250 克
番茄	2 个（正常大小）

— 辅料 —

番茄酱	20 克
姜	5 克
料酒	10 克
盐	适量

1 挑选稍肥一点的猪排骨，洗净后切成块，然后用清水浸泡半小时左右，去掉血污和浮油。

2 把姜洗净，用菜刀或刮刀去掉表皮，然后切成约2毫米厚的片。

3 番茄洗净后去皮，将一个番茄切分成八块的大小。

4 在锅里倒入450毫升水，加入料酒，放入排骨烧开，然后捞起，用清水冲去血水，沥干水分备用。

5 把番茄酱放在一个大碗里，用一小碗的清水稀释，直至没有小疙瘩。

6 取一个汤锅，先不加水，把汆烫过的排骨码在锅底，再放上切好的姜片。

7 最上面放上番茄块，然后把稀释好的番茄酱水倒入。

8 再加入清水，水面高度和食材齐平，大火煮开，转小火煲1.5小时，加适量盐调味即可。

番茄富含维生素C，有生津止渴、健胃消食、凉血平肝、清热解毒、降低血压之功效，对高血压、肾病患者有良好的辅助食疗作用。多吃番茄还有抗衰老作用，使皮肤保持白皙。

特色

玉米、山药、南瓜、土豆的清香再融合排骨的浓香，各种食材在一口锅里翻滚2.5小时，质地慢慢变软，味道相互交融，不仅好喝也好吃！

一道管饱的汤

粗粮排骨汤

190分钟

中等

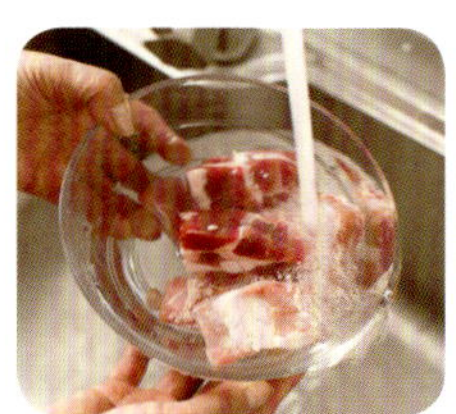

1 挑选肥瘦相间的猪排骨，洗净后切块，然后用清水浸泡半小时左右，以去掉浮油和血污。

2 把鲜姜洗净，用菜刀或刮刀仔细去掉表皮，然后切成约2毫米厚的片。

— 主料 —

猪排骨	250克
甜玉米	100克
糯玉米	100克
山药	70克
南瓜	70克
土豆	70克

— 辅料 —

姜	5克
盐	适量

3 甜玉米和糯玉米剥去皮，把玉米须清理干净，检查玉米是否有虫眼，然后用清水洗净，切成3厘米长的段。

4 选择新鲜的山药，用清水洗净，用刮刀刮去表皮，再次冲洗干净，切成长度约3厘米的滚刀块，然后泡到清水中防止山药氧化变黑。

5 南瓜用清水洗净，然后用菜刀或刮刀去掉表皮并切块，南瓜的皮比较硬，在去皮的时候可以垫一块毛巾防止打滑。

烹饪秘笈

在炖肉的时候，如果早放盐，肉不易炖烂，所以盐要后放哦。

6 土豆洗去表面泥污，用刮刀去皮，切成2.5厘米见方的块。

7 在锅里注入500毫升水，放入排骨烧开，汆水，捞起用清水冲去血水，沥干水分备用。

8 依序向锅内加入排骨、玉米、土豆、山药、南瓜，放入姜片，加入适量清水，大火煮开，转小火煲2.5小时，加适量盐调味即可。

清香软糯一锅端

山药排骨汤

 130 分钟　　 简单

特色

越简单的食材越能烹调出纯粹的美味，色泽洁白、口感软滑的山药搭配无人不爱的排骨，不添加其他食材就能得到一锅如此清香又营养的老火汤，赶快动手煲一锅吧！

1 挑选肉质鲜嫩的猪排骨，用清水冲洗干净，切成块，然后用清水浸泡半小时左右，去腥去污。

2 山药用清水冲洗干净，再用刮刀刮去表皮。

3 再次冲洗刮去表皮的山药，然后切成 3 厘米左右的滚刀块，之后泡在清水中，防止山药氧化变黑。

4 把姜洗净，用刮刀刮去老皮，然后冲洗一下，切成约 2 毫米厚的片。

5 在锅里注入 500 毫升水，放入排骨烧开余水，然后捞起用清水冲去血水，沥干水分备用。

6 把所有食材放进汤锅，放入姜片，加入适量清水，大火煮开，转小火煲 1.5 小时，加适量的盐即可。

主料

猪排骨	250 克
山药	100 克

辅料

姜	5 克
盐	适量

烹饪秘笈

处理山药的时候，山药皮容易使手痒，可以戴着手套加工；也可以先把山药用清水洗净，再放在开水锅中煮或者在蒸屉中蒸四五分钟，晾凉后去皮，这样就不会手痒了。

妈妈我还要

山药薏米猪骨汤

烹饪时间 160 分钟

难易程度 简单

– 特色 –

美食是一种神奇的存在，在它面前什么事都不是事，脆沙沙的山药，弹牙有嚼劲的薏米，搭配浓香的老火靓汤，让挑食的孩子也忍不住说：妈妈我还要！

烹饪秘笈

这道汤也可以不加盐，不加盐的话是淡淡的甜味。

— 主料 —

猪筒骨	300 克
山药	80 克

— 辅料 —

薏米	30 克
盐	适量

猪骨中的骨髓富含磷脂质、磷蛋白等，有健脑补脑的作用。中医认为，猪骨髓具有补阴益髓、延缓衰老的功效。

1 选择两头大，中间小的猪后腿骨，这样的骨髓比较多，煲汤营养价值高，让卖家帮忙剁成块，回家后用清水浸泡半小时左右，以去掉血污。

2 购买薏米时，选择气味清香、有自然光泽、颜色均匀、呈现白色或黄白色、用手捏不会轻易捏碎的薏米，这样的是新鲜的。

3 薏米提前用凉水浸泡 4 小时，直至有些发软，这样比较容易成熟。

4 挑选面一点的山药，同一品种须毛越多的越面。

5 山药用清水冲洗干净，去掉两端，用刮刀刮去表皮，再次冲洗干净。

6 把洗净的山药切成长约 2 厘米的滚刀块，山药去掉表皮后会很滑，切的时候注意安全。

7 在汤锅内注入 500 毫升水，注意将猪筒骨冷水下锅，煮沸后撇去浮沫，直到把浮沫撇干净。

8 最后把所有食材放进汤锅，大火煮开，转小火煲 2 小时，加适量的盐调味就可以了。

好汤嘴知道

冬笋干排骨汤

160 分钟

难易程度 简单

特色

冬笋干，作为一种高纤维、高营养、低糖、低脂肪的食材，跟鲜美的排骨搭配，一方面赋予了排骨淡淡的清香，另一方面排骨的肉香也渗透到冬笋干里，两种食材相互融合，相互补充，不仅美味而且营养。

购买笋干时，应挑选身干、色黄、粗短、肉厚、无老根、无虫蛀、无霉变的笋干。

— 主料 —

猪排骨	250 克
冬笋干	80 克

— 辅料 —

鲜姜	5 克
盐	适量

营养贴士

冬笋是一种富有营养并具有药用价值的美味食品，高蛋白、低碳水化合物，质嫩味鲜，清脆爽口，可以促进肠胃蠕动，并且可以作为辅助食疗抗癌。

1 选择新鲜的排骨，洗净后切成块，用清水浸泡半小时左右，以去掉血污。

2 把鲜姜洗净，用菜刀或刮刀仔细去掉影响口感的表皮，然后切成约 2 毫米厚的片。

3 笋干洗净后，在清水中泡发好。

4 将泡发好的笋干从水中捞出，一开为二，把中间的水分控干并洗净，然后将笋干切成大块。

5 在锅里注入 500 毫升水，放入排骨烧开，汆水，捞起用清水冲去血水，沥干水分备用。

6 把所有食材放进汤锅，肉在下，中间放姜片，笋干在上，加入适量清水，开大火，大火煮沸后，转小火煲 2 小时，加适量盐即可食用。

天赐的美味

虫草花猪骨汤

烹饪时间 160 分钟

难易程度 简单

– 特色 –

虫草花可不是虫草的花，而是人工培养的虫草子实体，是一种真菌，富含蛋白质及多种微量元素。用虫草花来煲汤对身体大有好处，而且味道也很鲜美，地道的广东人都会煲这道汤哦。

现在的虫草花市场鱼目混珠，购买虫草花的时候一定要看仔细。首先看包装、品牌，选择各类证件都齐全的合格厂家；第二，好的虫草花一般呈金黄色或者橙红色，有自然显现的光泽；第三，虫草花闻起来应该是清香的，并且有一股淡淡的牛奶香味；最后，从专业方面来看，要选择干度在93%以上的。不过掌握了前三项就可以选到合格的了。

— 主料 —

猪筒骨　300克

— 辅料 —

虫草花　40克
胡萝卜　40克
盐　适量

1 选择猪后腿骨，让买家帮忙剁成块，回家后用清水浸泡半小时左右，以去掉杂质。

2 干的虫草花稍微用流水冲去浮土备用。

3 把胡萝卜洗净，用刮刀刮去表皮，然后切成约3厘米见方的滚刀块。

4 取一汤锅，在锅里注入500毫升水，注意猪筒骨要冷水下锅，烧滚后撇净浮沫。

营养贴士

虫草花含有的虫草酸和虫草素能够综合调理人的体内环境，增强体内巨噬细胞的功能，对调节人体免疫功能、提高人体抗病能力有一定的作用。

5 然后另取一锅，把猪筒骨码在锅底，再铺上虫草花，最上面放胡萝卜块。

6 向锅内加入清水，水量是食材的2倍，大火煮开，转小火煲2小时，加适量的盐调味即可。

香气飘到花果山

猴头菇排骨汤

烹饪时间 130分钟　难易程度 简单

— 特色 —

总觉得干制后的食材用来煲汤是中餐发展史上的里程碑式的发明，将几乎完全脱水后的食材再次泡发并小火煨制数小时，简直是为它注入了新的生命力，在这样的汤里，猴头菇比肉更好吃。

— 主料 —

猪排骨　250克
干猴头菇　80克

— 辅料 —

枸杞子　5克
红枣　10克
盐　适量
姜　适量

1 选择肉质肥厚的排骨，洗净后，切成块，然后用清水浸泡半小时左右，以去掉血污。

2 把鲜姜洗净，用菜刀或刮刀仔细去掉表皮，然后切成约2毫米厚的片。

3 干猴头菇仔细清洗干净，然后用清水泡发后切成大块。

4 把枸杞子和红枣冲洗干净，取一小碗清水，把它们泡在水里，煲汤时直接把整碗水倒入汤锅。

5 在锅里注入500毫升水，放入排骨烧开，汆水，捞起然后用清水冲去血水，沥干水分备用。

6 把所有食材及姜片放进汤锅，加入适量清水，开大火煮沸，转小火煲1.5小时，加适量盐调味即可。

烹饪秘笈

在熬制过程中可以加入几片新鲜的番茄，这样可以使汤的味道更加鲜香浓郁，而且色泽鲜艳，营养价值与口感也会有不少提升呢。

微苦的汤才酷

苦瓜黑豆猪骨汤

160 分钟

简单

— 特色 —

燥热的夏天需要“吃点苦”，让自己身心清凉。如果接受不了凉拌苦瓜的味道，可以用苦瓜来煲一道汤，苦味变淡了很多，但是功效却不打折，让你从内到外降下温来。

1 选择两头大、中间小的猪后腿骨，让买家帮忙剁成块，回家后用清水浸泡半小时左右，以去掉血污。

2 苦瓜仔细冲洗干净，去掉两头，然后顺着苦瓜一切为四，去掉瓜瓤（如果可以接受苦味也可以不去，这样更去火）。

3 再次冲洗一下苦瓜，然后切成大块。

— 主料 —

猪筒骨	300 克
苦瓜	100 克

— 辅料 —

黑豆	20 克
盐	适量

4 在锅里注入 500 毫升水，注意猪筒骨要冷水下锅，烧沸后撇净浮沫。

5 然后把所有食材放进汤锅，开大火，直至煮沸。

6 水沸腾后转小火再煲 2 小时，2 小时后关火，加入适量的盐即可。

煲汤之前提前把黑豆浸泡一夜，这样更容易煮软。

清清凉凉，舒舒爽爽

冬瓜海底椰煲脊骨

160 分钟

简单

– 特色 –

这是一道适合夏天喝的汤，冬瓜清热利水，海底椰滋阴润肺、清热解燥，搭配有肉又有髓的脊骨，炎热的夏季喝上这么一碗清清凉凉、舒舒爽爽的汤再健康不过了。

烹饪秘笈

在使用海底椰片煲汤时，一定要将海底椰片浸泡一小段时间，这样才会使海底椰更好地发挥其功效。

— 主料 —

猪脊骨	300 克
嫩冬瓜	300 克
干海底椰	40 克

— 辅料 —

蜜枣	3 颗
盐	适量

1 猪脊骨要选择肉的颜色呈鲜粉红色、按下去会很快恢复原状、无异味的，注意不要选择肉太多的，让卖家帮忙切成块，在清水中浸泡半小时以去除腥味和血污。

2 嫩冬瓜洗净，用刀切去表皮，可切厚一点，不要带着硬硬的白皮，切好后再次冲洗干净。

3 把冲洗干净的冬瓜放在案板上，切成约 2.5 厘米见方的块。

营养贴士

海底椰对人体具有较高营养价值，它含有多种氨基酸成分，尤其是人体必需氨基酸，对机体有均衡补益作用，具有增强人体免疫力，强身壮体，抗衰延年之功效。

4 将海底椰片和蜜枣冲洗干净，泡在一小碗清水中备用。

5 在锅里注入 500 毫升水，放入脊骨烧开汆水。

6 汆好水后，把脊骨捞出，用清水冲去血水，沥干水分备用。

7 将脊骨放在汤锅的底部，把海底椰片和蜜枣连同泡的水倒入汤锅，再倒入适量清水，大火煮开，转小火煲 1.5 小时。

8 1.5 小时后把容易炖烂的嫩冬瓜放入锅里，加盖，小火煮制 30 分钟，加适量的盐即可。

无法抗拒的美味

莲藕花生猪骨汤

130 分钟

简单

– 特色 –

初秋时节，正是莲藕刚刚收获的时候，用应季的新鲜食材煲一锅靓汤是再合适不过的了。莲藕、花生本身都是炖汤佳品，放在一起不仅没有冲突，反而更添彼此的鲜香，同时能够养胃滋阴，不管于胃还是于身都应该多喝几碗呀。

烹饪秘笈

莲藕切好后可以放入清水中浸泡，防止氧化变黑；花生米不易煮熟，所以提前浸泡 1 小时，可使炖煮出来的花生米更软，口感更佳。

— 主料 —

猪筒骨	300 克
莲藕	250 克
花生米	200 克

— 辅料 —

姜	4 片
蒜	3 瓣
香葱	2 根
盐	适量
油	少许

1 选择两头大、中间小的猪后腿骨，让买家帮忙剁成块，回家后用清水浸泡半小时左右，以去掉血污。

2 在锅里注入 500 毫升水，注意猪筒骨要冷水下锅，烧沸后撇净浮沫。

3 莲藕洗净，用刮刀刮去表皮，然后切滚刀块。

4 花生米洗净，提前在清水中浸泡 1 小时。

5 姜洗净后切片；蒜剥皮洗净后用刀拍扁；香葱洗净系成香葱结。

6 砂锅中加入适量清水，将处理好的猪筒骨、莲藕、花生米一起入锅中。

7 再将姜片、蒜瓣、葱结放入锅内，并加少许油；大火煮至开锅后转中小火熬煮 1.5 小时。

8 最后加入盐调味即可关火。

营养贴士

莲藕由生变熟之后，性由凉变温，失去了消瘀清热的功能，而变为对脾胃有益，有养胃滋阴、益血、止泻的功效。

特色

金秋时节，是吃莲藕的绝佳时机，炖得软糯软糯的莲藕，清香满屋；腔骨也是营养佳品，吸一口骨髓，满满的都是浓香，好不畅快！可是千万要当心，别烫着了哦。

金秋时节的宠儿

莲藕腔骨汤

烹饪时间 60 分钟

难易程度 简单

主料

猪腔骨	750 克
莲藕	400 克

辅料

姜片	5 片
蒜瓣	3 瓣
香葱	2 根
料酒	1 汤匙
鸡精	1/2 茶匙
盐	1 茶匙

烹饪秘笈

购买腔骨时，请小贩帮忙斩好，回家洗净就行；莲藕切好后要放入清水中浸泡，以防氧化变黑；也可将莲藕在清水中多洗几次，洗去多余淀粉，烹煮出来的莲藕会更加爽口。

1 腔骨洗净，放入锅中，倒入清水和少许料酒，煮沸后慢慢撇净浮沫，然后捞出待用。

2 姜洗净后，用刮刀刮去表皮，然后切片；蒜剥去蒜皮然后洗净，放在案板上用刀面拍扁；香葱切去根须，在流水中冲洗干净后系成葱结。

3 莲藕在清水中洗净，用刮刀刮去表皮，切成大小适中的滚刀块。

4 将腔骨、莲藕全部放入高压锅中，并倒入没过食材 5 厘米左右的清水。

5 然后放入姜片、蒜瓣、葱结，盖上锅盖开大火煮至开锅上压，然后转小火炖煮半小时。

6 半小时后关火，待高压锅降压后，打开锅盖，加入鸡精、盐调味就可以了。

夏日里的小清新

木瓜骨头汤

160 分钟

简单

— 特色 —

木瓜尽管味道清淡，却也是煲汤的好食材，切上半个木瓜，加上猪骨炖上一个半小时，煲出来的汤清清甜甜，喝尽一碗，暑气和浊气顿消。

1 选用猪后腿骨来煲这道汤，在购买时可以让卖家切成块，回家后再浸泡半小时，以去掉血污。

2 挑选皮光滑、颜色亮、没有色斑的木瓜作为原料，用刮刀刮去木瓜的表皮，用勺子刮掉木瓜子。

3 将去完皮和子的木瓜再次冲洗一下，放到砧板上，切 2 厘米见方的块。

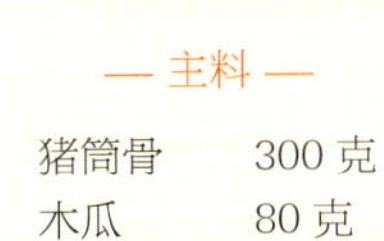

— 主料 —

猪筒骨	300 克
木瓜	80 克

— 辅料 —

蜜枣	3 颗
南杏仁	10 颗
盐	少许

4 在锅里注入 500 毫升水，注意猪筒骨要冷水下锅，烧滚后撇净浮沫。

5 然后把猪筒骨铺在锅底，再放木瓜块，最上面撒上洗好的蜜枣和杏仁，开大火煮沸。

6 大火煮沸后，转小火煲 2 小时，2 小时后关火，加适量的盐即可。

烹饪秘笈

如何挑选杏仁呢？南杏仁，也叫甜杏仁，它的质地松脆，味道微甜，与北杏仁相比更加肥厚饱满，它的功能是润肺止咳，一般都用来煲汤。

请收下我霸道的爱

霸王花排骨汤

烹饪时间 160 分钟

难易程度 简单

特色

霸王花排骨汤是一道色香味俱全的汉族名肴，属于粤菜系。广东人习惯用霸王花煲猪骨，加上蜜枣或少许罗汉果，煲一两个小时即成老火靓汤，既清甜芳香又有益健康，尤其适合于长期吸烟饮酒之人士。

干燥的霸王花是不规则的长条束状，长十几厘米，花瓣颜色为棕褐色或棕黄色，内有一束花蕊，花朵大、颜色鲜明、气味香甜的是品质好的。

— 主料 —

猪肋排	300 克
霸王花	70 克

— 辅料 —

蜜枣	5 颗
姜	5 克
盐	适量

霸王花用于烹饪主要制作老火靓汤。霸王花性味甘、凉，入肺，具有清热痰、除积热、止气痛、理痰火的功效。而且，霸王花制汤后，其味清香、汤甜滑，深受人们的喜爱，是极佳的清补品。

1 选择肥美的排骨洗净后，切成块，然后用清水浸泡半小时左右，以去掉血污和浮油。

2 把姜洗净，用刮刀刮去表皮，然后切成约 2 毫米厚的片。

3 选择干燥质优的霸王花干，冲洗干净后泡在清水中备用。

4 在锅里注入 500 毫升水，放入排骨烧开，汆水，捞起用清水冲去血水，沥干水分备用。

5 把排骨码在汤锅的锅底，再放上姜片，最上面铺上霸王花，加入适量清水，大火煮开。

6 水沸后放入蜜枣，转小火煲 2 小时，加适量的盐即可。

口感饱满，回味悠长
茶树菇排骨汤

160 分钟

简单

– 特色 –

茶树菇有一种奇异的香味，不仅好吃，而且营养。茶树菇排骨汤是一道美味可口的传统名肴，属于粤菜系，味道浓厚，回味悠长，让人久久不能忘怀。

在挑选茶树菇干时，要注意选择呈茶色、有淡淡的香气，菇柄细长、菇盖小而厚实的，并且用手轻轻一折就能断的，这样的茶树菇干品质上乘，煲出的汤味道格外鲜香。

— 主料 —

猪排骨	250 克
茶树菇干	50 克

— 辅料 —

去核红枣	10 颗
蜜枣	1 颗
姜	5 克
盐	少许

1 选比较瘦的排骨，洗净后，切成块，然后用清水浸泡半小时左右，以去掉血污。

2 把鲜姜洗净，用刮刀仔细去掉表皮，然后切成约2毫米厚的片。

3 茶树菇干用清水冲洗干净，控干水分后放一旁备用。

4 在锅里注入 500 毫升水，放入排骨烧开汆水，捞起用清水冲去血水，沥干水分备用。

5 把排骨、姜片、茶树菇从下到上放进汤锅，加入适量清水，大火煮开。

6 水沸后，放入红枣和蜜枣，转小火。

茶树菇含有人体所需的18种氨基酸，特别是含有人体所不能合成的 8 种氨基酸，还含有丰富的 B 族维生素和铁、钾、锌、硒等矿物质，是高血压、心血管病和肥胖症患者的理想食品。

7 小火煲 2 小时后，加适量盐即可。

— 特色 —

在中国人的餐桌上，很少见到马来菜的踪影，但是唯独这道——肉骨茶，却深受国人的喜爱。马来味的肉骨茶以中药为引，加有多味调味料，最后和着猪肉骨慢慢熬煮，这些调味料与猪肉产生奇妙作用，咸中带甘，甘中带香，具有补气、旺血、滋补的功效，养身好味一锅搞定。

养身好味一锅端
肉骨茶

190 分钟

中等

— 主料 —

猪肋排	500 克

— 辅料 —

蒜	5 瓣
枸杞子	1 把
桂皮	1 块
八角	3 颗
黑枣	3 颗
当归	1 块
玉竹	10 克
料酒	1 汤匙
白胡椒粉	1/2 茶匙
盐	1 茶匙
油	少许

1 猪肋排洗净，在清水中浸泡 30 分钟后捞出，再次冲洗干净后斩成 3 厘米左右的段。

2 将斩好的肋排冷水下锅，加适量料酒，水沸腾后将浮沫撇净，再过约 3 分钟后捞出。

3 蒜剥皮后洗净；取一炒锅，锅内放少许油烧热，然后放入蒜瓣煎至表面金黄后捞出。

4 将枸杞子、桂皮、八角、黑枣、当归、玉竹在流水中冲去浮土。

5 准备一个汤锅，加入适量清水，放入上一步骤洗净的所有调料和煎制过后的蒜瓣。

6 开大火，煮至锅内沸腾，然后转中小火继续煮半小时，将材料煮出香味。

7 放入刚才焯过水的肋排，开大火煮至开锅，再转小火熬煮 2 小时。

8 最后根据个人口味加白胡椒粉、盐调味就可以了。

煲制肉骨茶时一定要选上好的猪肋排，这样煲出来的肉骨茶才鲜嫩无油腻感；懂吃肉骨茶的都会配上油条蘸着汤来吃，你不妨也准备些油条试试哦。

通透无瑕的欢喜

冬瓜薏米排骨汤

120 分钟

简单

— 特色 —

在夏天，晶莹透亮的冬瓜和颗粒圆润的薏米简直是绝配，还有煲得烂烂的排骨。微微发白的汤上飘着点点油光，像星空一样静谧，看一眼暑气就消了一半。

烹饪秘笈

这是一道适合夏天喝的汤，冬瓜和薏米都是利尿消肿、清热祛暑的食物。

— 主料 —

猪排骨	250 克
冬瓜	250 克

— 辅料 —

薏米	40 克
盐	适量

1 在购买排骨时可让卖家把排骨斩成小块，回家后先把排骨冲洗干净，然后在清水中浸泡 30 分钟，以泡除血污。

2 在煲汤的前一晚，把薏米洗净，然后在清水中浸泡一夜，使它变软，更容易煮熟。

3 冬瓜在清水中洗净，用刮刀刮去表皮，并用勺子把冬瓜子挖去，切成边长约 3 厘米的块。

4 取一个汤锅，加入适量凉水，把泡好的排骨冷水下锅，开大火焯水。

5 焯水期间，把浮沫都捞干净，直到不再有浮沫。

6 在焯水的同时，另起一砂锅，加入足量清水并烧开，把焯好水的排骨捞入砂锅。

7 把泡软的薏米冲洗一下，然后倒入砂锅中，开大火煮沸。

8 水沸后转小火，煲 1 小时，1 小时后把冬瓜放入砂锅，再煲 20 分钟关火，加适量盐调味就可以了。

懒人专属老火汤

薏米葱姜排骨汤

90 分钟

中等

- 特色 -

搭配食材太复杂？只煲肉汤没营养？那你只需要一把薏米就可以做到完美，薏米排骨一起下锅，小火咕嘟 1 小时，保证你心满又意足。

烹饪秘笈

薏米不易煮熟，可在炖汤前提前用温水浸泡1小时以上，待薏米稍微变软后淘洗干净，再用来炖汤，可节省不少时间。

— 主料 —

猪排骨	750克
薏米	350克

— 辅料 —

生姜	10克
香葱	2根
枸杞子	1小把
盐	2茶匙
油	少许
料酒	少许

1 排骨提前放入清水中浸泡，然后反复多次洗去血水待用。

2 薏米淘洗干净，沥去多余水分；枸杞子洗净待用。

3 生姜去皮洗净，切姜片；香葱洗净，切葱粒。

4 锅内倒入适量清水，放入排骨，倒入少许料酒去腥，大火煮至开锅。

5 开锅后继续煮约3分钟，然后将排骨捞出，冲去浮沫。

6 将排骨、薏米、姜片放入汤煲内，倒入适量清水和少许油，大火煮至开锅。

7 待开锅后转小火慢炖40分钟，然后放入枸杞子继续煮约8分钟。

8 最后加入盐调味，撒入葱粒即可关火。

营养贴士

薏米可当粮食吃，薏米的味道和大米相似，且易消化吸收，煮粥、做汤均可，夏秋季和冬瓜煮汤，既可佐餐食用，又能清暑利湿。

- 特色 -

这道汤在老火汤里算得上让人眼前一亮了，不是透白的清汤，也不是浓厚的酱汤，微白的猪骨和翠绿的小油菜，醇厚中又透露着些许小清新，值得一尝。

惊艳你的味蕾

小油菜猪骨汤

 烹饪时间 60 分钟　 难易程度 简单

— 主料 —

猪排骨	500 克
小油菜	350 克

— 辅料 —

生姜	5 克
香葱	3 根
盐	2 茶匙

烹饪秘笈

市面上买来的小油菜会有一部分根茎较老，在清洗小油菜时，可将老掉的部分择掉，口感更佳。

1 排骨放入清水中浸泡片刻，然后反复洗去血水待用。

2 洗净的排骨放入锅内，倒入适量清水，大火煮开。

3 开锅后将排骨捞出，再次用清水冲去浮沫待用。

4 香葱洗净，切葱粒；生姜去皮洗净，切姜片。

5 小油菜择洗净，沥水待用。

6 将冲去浮沫的排骨放入汤煲内，倒入适量清水，放入姜片。

7 然后加盖，大火煮至开锅后，转小火慢炖半小时，接着放入洗好的小油菜。

8 待小油菜煮软后加盐，搅拌均匀调味后即可食用，也可以依照个人口味放入适量香葱碎。

鲜香清甜，非你莫属

玉米海带大骨汤

 120 分钟　　 中等

特色

既然是煲大骨汤，就可以搭配一些久煮不坏的食材。清甜的玉米，鲜香的海带，随便用刀一切，跟猪大骨一起在小火上慢慢熬煮，一会儿肚子里的馋虫就被勾起来了。

主料

猪筒骨	750 克
玉米	2 个
干海带片	60 克

辅料

生姜	10 克
香葱	2 根
盐	2 茶匙

烹饪秘笈

海带不易清洗干净，在泡软后，可用小刷子慢慢刷洗掉海带表面的泥沙，这样汤品口感更佳。

1 猪筒骨提前浸泡片刻，然后反复洗去血水待用。

2 玉米洗净，斩成两三厘米长的段；海带提前泡软，洗净，切稍长条待用。

3 生姜去皮洗净，切姜片；香葱洗净，切葱粒待用。

4 锅内倒入适量清水，放入猪筒骨，煮至开锅。

5 开锅后将猪骨捞出，在流水下冲去浮沫。

6 接着将猪骨、海带、姜片一同放入汤煲中，并倒入足量清水。

7 大火煮至开锅后转小火慢炖 1 小时，然后放入玉米段。

8 继续炖煮至玉米熟透，加入盐调味，撒入葱粒即可。

02
第 二 章
美味肉汤

“鲜”就是硬道理

腌笃鲜

130 分钟

简单

– 特色 –

腌笃鲜，主要是指春笋和鲜、咸五花肉片一起煮的汤，属于江南吴越特色菜肴，这道菜口味咸鲜，汤白汁浓，肉质酥肥，笋清香脆嫩，鲜味浓厚，不仅味道一绝，而且包含了多种食材的营养与功效，使人们在享受美味的同时又保持了健康的身体，煲一锅这样的汤，何乐而不为呢？

烹饪秘笈

烹饪腌笃鲜最好一次性将水添加到位，不要中途再往锅中添水，如果水确实加少了，要添热水。此外，五花肉也可以用瘦肉替代。

— 主料 —

猪五花肉 200 克
咸猪肉 100 克
春笋 250 克

— 辅料 —

香葱段 15 克
姜片 10 克
料酒 3 茶匙
盐 适量

1 锅中放入清水，在清水中放入姜片、葱段、五花肉，再倒入少许料酒，开大火煮沸。

2 水沸后 3 分钟，关火，把煮好的猪肉从锅中捞出，晾凉，切块。

3 将咸猪肉洗净，切成 5 毫米左右厚的片，如过咸过硬，可提前用淘米水泡一两个小时。

4 将春笋剥掉笋衣，在清水中洗净，然后切成猫耳状，备用。

5 取一汤锅，在锅内加入适量清水，将切好的猪肉块和咸肉放入锅中，开大火，煮沸后盖上锅盖转小火。

6 小火焖煮 1 小时后，将笋块放入锅中，继续盖盖，小火焖煮 40 分钟。

7 待笋完全熟透后关火，先用小勺盛点汤尝一下味道，再加入适量盐调味。

营养贴士

咸肉中磷、钾、钠的含量丰富，还含有脂肪、蛋白质等营养元素。咸肉具有开胃祛寒、消食等功效。腌制食品中有较多的硝酸盐和亚硝酸盐，不可过量食用。

盛夏里的一抹清凉

百合胡萝卜瘦肉汤

烹饪时间 60 分钟

难易程度 简单

- 特色 -

盛夏时节，荷花开得正艳，摘一片青翠的荷叶，抓一把干百合，随便煲点什么都好，百合和荷叶都是清心消暑、养气安神的食材，在酷暑时节喝一碗百合瘦肉汤，可谓盛夏里的一抹清凉。

烹饪秘笈

煲汤要一次性加够水，中途不要加水，不然会影响汤汁的鲜美味道。

— 主料 —

猪瘦肉 250 克
胡萝卜 150 克

— 辅料 —

干百合 20 克
荷叶 半张
盐 适量

1 把买回来的猪瘦肉用清水冲洗干净。

2 把瘦肉切成大片，放入锅中，放入冷水，煮沸去浮沫，捞出备用。

3 把胡萝卜洗净，用刮刀刮去皮，切成滚刀块备用。

4 把干百合和荷叶用水稍微冲去浮土，撕成小块，泡在一小碗清水里备用。

营养贴士

百合含有淀粉、蛋白质、脂肪及维生素 B_1、维生素 B_2、维生素 C、泛酸、胡萝卜素等营养素，具有润肺止咳、宁心安神、美容养颜的功效。

5 取一汤锅，把焯好的肉铺在锅底，上面盖上胡萝卜块，连水一并倒入干百合和荷叶。

6 加入相当于食材两倍的清水，大火煮沸，沸腾后转小火煲 40 分钟，关火加适量盐调味就可以了。

你就像那冬天里的一把火

黄芪瘦肉汤

140 分钟

简单

— 特色 —

民间流传着“常喝黄芪汤，防病保健康”的顺口溜，意思是说经常用黄芪煎汤或泡水代茶饮，有良好的防病保健作用，黄芪瘦肉汤也是冬季应该经常喝的一道老火汤之一。

— 主料 —

猪瘦肉	250 克

— 辅料 —

黄芪	3 片
红枣	2 颗
姜	5 克
盐	适量

1 把瘦肉用清水冲洗干净，切成长方形的厚约 1 厘米的肉片。

2 准备一锅清水，把肉片放入锅中焯一下，然后捞出用清水冲去浮沫。

3 把姜洗净后，用刮刀刮去老皮，然后切成 2 毫米的片备用。

4 黄芪冲洗干净，红枣洗净去核，放入清水中浸泡备用。

5 取一个汤锅，把焯过的瘦肉铺在锅底，放上姜片，连水一并把黄芪和红枣倒入，再加入相当于食材两倍的清水，开大火。

6 大火煮沸后，改为小火煲约 2 小时，2 小时后调入适量盐便可。

烹饪秘笈

你注意到了吗？在煲汤时，只要遇到有红枣的汤，都要把枣核去掉，这是为什么呢？因为红枣里面，枣肉是属于温性的，而枣核是属于热性的。如果炖汤的时候不把枣核去掉，煮出来的汤水会比较燥，很容易引起上火。

女生的福利

当归猪肉汤

烹饪时间 150 分钟　　难易程度 简单

特色

女生福利到！这道加有当归和枸杞子的当归猪肉汤是一道非常适合女性喝的汤，不仅补血温润，而且味道微微发甜，这可比药好喝太多啦。

1 猪肉买回来后洗净，切成几大块，每块用刀尖戳几下，这次的汤我们不吃肉，所以猪肉可以大块下锅。

2 把大块的猪肉放到锅里，注入清水，煮滚焯一下，然后捞出冲洗干净。

3 当归和枸杞子在清水中冲去浮土，然后泡在一小碗清水里。

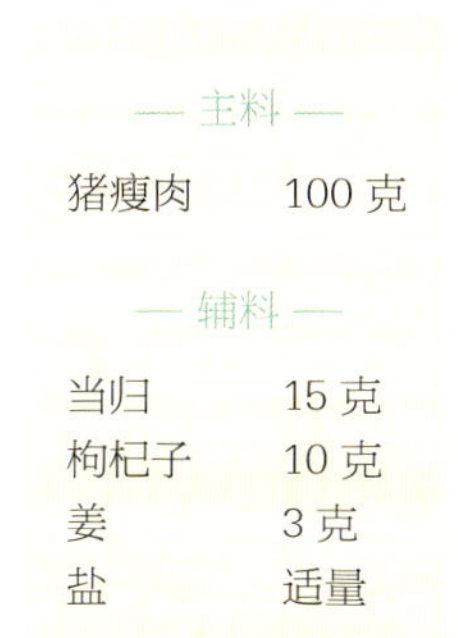

— 主料 —

猪瘦肉	100 克

— 辅料 —

当归	15 克
枸杞子	10 克
姜	3 克
盐	适量

4 把姜洗干净，用刮刀刮去表皮，然后切成 1 毫米厚的薄片。

5 取一汤锅，把焯好洗净的猪肉大块铺在锅底，然后放上姜片，再把当归和枸杞子连水一并倒进汤锅。

6 加入相当于食材两倍的水，大火煮开，沸腾后转小火，煲 2 小时关火，加适量盐调味即可。

烹饪秘笈

这道汤也可以不加盐，当归和枸杞子都是滋补类药材，所以可以当作养生药膳来喝，也可以根据自己的情况增加一些别的中药材。

吃什么补什么

枸杞叶猪肝汤

 65 分钟

 中等

- 特色 -

只听过枸杞子没听过枸杞叶？那你就落伍啦，用枸杞叶来煲汤可是新潮流，绿绿的枸杞叶裹着薄薄的猪肝，看上去满眼青翠，喝起来清爽不油腻，让你不爱都不行。

选购猪肝时要看猪肝的外表和触摸猪肝，只要颜色紫红均匀、表面有光泽，摸起来感觉有弹性，无水肿、硬块的，就是新鲜正常的猪肝。

— 主料 —

猪肝	200 克
枸杞叶	200 克

— 辅料 —

姜	5 克
生抽	10 克
料酒	5 克
香油	5 克
盐	适量

1 选择新鲜猪肝，回家用清水冲洗干净，然后切成约 1 厘米厚的片，在清水中浸泡半小时，每 10 分钟换一次水。

2 半小时后，把猪肝从水中捞出，再次冲洗后放在一个大碗里，并加入少量生抽、料酒、香油抓匀后腌制 10 分钟。

3 烧一锅热水，水沸后，把猪肝倒入沸水中，猪肝颜色一变白就马上捞出，用清水冲洗干净备用。

4 把枸杞叶从枝条上择下来，用清水冲洗干净，捞出沥干水分。

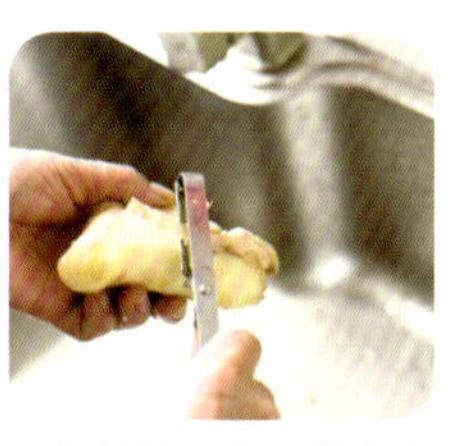

5 把姜洗干净，刮去老皮并切成薄片。

6 取一砂锅，把焯过水的猪肝片放入锅底，上面铺上姜片，然后加入足量水。

7 开大火煮沸，水沸后转小火煲 20 分钟，20 分钟后把枸杞叶放到锅里，盖上盖继续煮 3 分钟。

8 3 分钟后，关火，加入适量盐调味即可。

营养
贴士

猪肝含有维生素 C 和微量元素硒，能增强人体的免疫反应。猪肝中还含有丰富的维生素 A，维生素 A 具有维持正常生长和生殖机能的作用。猪肝中铁质丰富，是极佳的补血食品。

年度最佳下火汤
清凉瘦肉汤

烹饪时间 90分钟　　难易程度 简单

特色

单看这道汤的名字就知道这是一道适合在夏天喝的汤，没错，这道汤选用不会使人感到油腻的瘦肉，搭配薏米、莲子、百合、山药四种去火清凉安神的食材，煲出一道清新舒爽的下火汤，让你的夏天不再躁动。

主料

猪瘦肉	250克
山药	50克

辅料

薏米	10克
莲子	5克
百合	5克
盐	适量

1 把猪瘦肉洗干净，在水中浸泡20分钟，以去除血污。

2 把猪肉捞出，再次用清水冲洗干净后，用刀切成大片。

3 山药去皮洗净切块，薏米、莲子、百合洗净，一同泡在装有清水的砂锅里。

4 再准备一锅清水，把切好的猪肉块下入锅中汆烫，水沸后再煮3分钟就可以关火把肉捞出了。

5 捞出猪肉块后，用清水冲去表面的浮沫和杂质。

6 把冲干净的猪肉块放入步骤3中的汤锅内，大火煮沸，煮沸后转小火，再煲1小时，加盐关火即可。

烹饪秘笈

如果时间紧，也可以用高压锅煲汤，但在不着急的情况下，还是最好用砂锅，小火慢煲，这样的汤煲出来更加浓香醇厚。

这道汤，不简单
胡椒猪肚汤

烹饪时间 200 分钟　　 难易程度 复杂

— 特色 —

看似简单的一道汤，它的制作过程却要历经“层层艰辛”，不亲自做一做怎么能体会得到。用花椒和胡椒调味，绝对刺激味蕾，相信我，它的味道一定不会辜负你的期待。

— 主料 —

猪肚	1 个
猪大排	100 克

— 辅料 —

姜片	5 克
花椒	5 克
白胡椒粉	5 克
淀粉	20 克
盐	适量
料酒	适量

烹饪秘笈

在这道汤菜中，我们放猪大排是用来提升汤的香味的，如果不喜欢也可以不放。

1 把买回来的猪大排切成块，冲洗干净后在清水中浸泡30分钟，以去掉血污。

2 用清水把新鲜的猪肚内外冲洗一遍，放在大碗中，倒入料酒浸泡 10 分钟，以去除异味。

3 10 分钟后，把猪肚从大碗中取出并用盐把猪肚内外揉搓一遍。

4 然后再用淀粉反复搓洗一次，记住正反面都要洗。

5 最后找一个锅，熬制一锅花椒水，把洗净的猪肚放在花椒水里焯一下，猪肚的去味就算完成了。

6 再取一个汤锅，放入猪大排，加水没过排骨，大火煮沸，再煮 3 分钟关火，把猪大排捞出冲洗干净备用。

7 把白胡椒粉、姜片及排骨全部放入猪肚中，把猪肚放入汤煲，加足水，大火烧开后转小火煲 2 小时至呈奶白色。

8 用漏勺捞出猪肚，把猪肚内的材料取出后，把猪肚切成条，放入汤煲中再煮 15 分钟，加盐调味即可。

— 特色 —

说起猪脑，重庆老火锅那满眼红油的锅底中它那浮浮沉沉的样子是不是让你垂涎三尺？告诉你哦，人家不仅可以做到重口味，有时候也可以很清新呢。猪脑搭配天麻，煲一锅靓汤，让你整个冬天不畏严寒。

温暖你一整个冬天
天麻猪脑汤

烹饪时间 80 分钟　　难易程度 中等

— 主料 —

猪脑髓	1 对
天麻片	15 克

— 辅料 —

枸杞子	5 克
葱	10 克
姜	5 克
料酒	20 克
香油	3 克
鸡蛋	1 个
油	4 克
盐	适量

1 把天麻片简单冲洗一下，然后放到一小碗清水里，浸泡 30 分钟。

2 把葱姜洗净，去掉老皮，葱切成葱花，姜切成片。

3 把猪脑择洗干净，然后放在碗内，放入料酒、姜片、葱花，轻轻抓匀。

4 把小碗放入蒸笼内，用大火蒸 25 分钟，取出待用。

5 把油倒入炒锅，烧至六成热时，加入清水，放入枸杞子和泡好的天麻片，开大火烧沸后转小火煮20分钟。

6 20 分钟后，取一小碗把鸡蛋磕入并打散，徐徐加入汤中，成蛋花状马上把火关掉，然后放适量盐调味。

7 把蒸好的猪脑放在小碗里，把调好的汤轻轻浇在猪脑上，再滴几滴香油即可。

烹饪秘笈

猪脑有腥味，所以一定要处理得特别干净。我们先将猪脑表层的血筋剥除，然后用手指轻轻将猪脑顶起，暴露出脑沟深处未剥离的血筋，去除干净。再用左手指轻轻托起猪脑，右手用牙签贴紧猪脑表面，轻捻动牙签，旋转，利用牙签上的小毛刺粘着包裹猪脑的红血筋，似卷起地毯的方式，将血筋剥离。最后用水轻轻洗干净。

牛气冲天

萝卜牛腩汤

180分钟

简单

特色

牛腩就是牛肚子上那一块肥瘦相间、软软嫩嫩的肉，特别适合用来煲汤，搭配白白脆脆、配什么都好吃的白萝卜，小火慢煨2小时，只需加一点盐调味，牛腩中有白萝卜的清香，白萝卜中有牛腩的醇厚，两种味道相互交融，一碗根本不够。

主料

牛腩	400克
白萝卜	200克

辅料

葱	15克
姜	5克
八角	2个
盐	适量

焯过水的牛肉不要在凉水中冲洗，就直接放到汤锅里就好，因为肉遇冷水会发紧，不容易炖烂。

1 将买回来的牛腩洗净，在清水中浸泡30分钟，以去除血污。

2 30分钟后，将牛肉捞出，再次冲洗干净，然后切成大小均匀的3厘米左右的块。

3 把葱姜去皮，并冲洗干净，分别切成葱段和姜片。

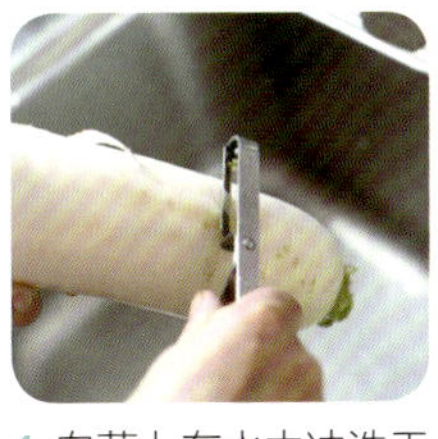

4 白萝卜在水中冲洗干净后，用刮刀刮去表皮，然后切成边长2厘米左右的滚刀块。

5 取一汤锅，锅中放入适量冷水，把牛肉块放入锅中，开大火把水烧开，把期间产生的血沫都撇干净，直到没有血沫再产生为止，然后关火。

6 焯水的同时，砂锅内加入适量水烧开（爱喝汤的就多加些水），将焯好的牛肉直接放入砂锅，开大火。

7 同时，把切好的葱姜和八角一起放入锅中，等水沸后转小火煲2小时。

8 2小时后，把白萝卜块放入砂锅中，中火煲10分钟，关火加盐调味就好。

为你的免疫力保驾护航

黄芪山楂牛肉汤

- 特色 -

牛肉，是一种怎么做都好吃的肉，而且久煮不坏，越煮越香，在老火汤中经常辅以中药材做补汤，这道黄芪山楂牛肉汤以黄芪为辅助，不仅使汤变得味道浓郁纯正，而且可以增强人的免疫力，每天喝一碗可以让身体变得更加健康哦！

烹饪秘笈

在煲牛肉汤时，放入几颗山楂，山楂的有机酸可以嫩化牛肉纤维，从而使牛肉更容易炖烂，而且山楂作为消食食物，也有助于消化油腻的肉食，简直一举多得。

— 主料 —

牛腱子肉	300 克

— 辅料 —

葱	10 克
姜	5 克
枸杞子	5 克
八角	3 克
黄芪	3 克
山楂	3 颗
盐	适量

1 将买回来的牛腱子肉洗净，然后在清水中浸泡 30 分钟，以去除血污。

2 30 分钟后，将牛肉捞出，再次冲洗干净，然后切成约 5 毫米厚的片。

3 把葱和姜择洗干净，去掉老皮，葱一半切段，一半切末，姜切成 2 毫米厚的片。

4 把牛肉放在锅内，加入足量凉水，开大火汆烫。如果使用砂锅效果更佳。

5 在汆烫期间，把产生的浮沫全部撇干净，直到不再产生浮沫为止。

6 没有浮沫再产生之后，把葱段、姜片和枸杞子、八角、黄芪以及洗好的山楂加入锅内。

7 盖上锅盖，转小火，慢煲 1 小时，期间不要开盖，也不要再加凉水。

8 1 小时后，关火，加入适量盐调味，最后撒上切好的葱花就可以了。

营养贴士

山楂含有酒石酸、柠檬酸、果糖、维生素 C、B 族维生素等营养成分，其中维生素 C 的含量在水果中仅次于红枣和猕猴桃；胡萝卜素和钙的含量也很高，可增强人体免疫力，延缓衰老。

酸酸甜甜小清新

茄汁薄荷炖小牛腱

180 分钟

难易程度 复杂

特色

冬季就要来点不一样的，比如以酸甜的茄汁为主基调的茄汁薄荷炖小牛腱，小火慢炖后的牛腱子肉入口酥烂无比，最后的一点儿薄荷碎更是点睛之笔，这道菜在冬天吃再合适不过了，暖胃又暖身，只求谁都别打扰我，让我安安静静地吃完这一锅。

烹饪秘笈

番茄酱的量可以根据个人喜好增减。

— 主料 —

牛腱子	1个

— 辅料 —

胡萝卜	1根
洋葱	1/4个
番茄	1个
西芹	2根
姜	5片
蒜	2瓣
大葱段	10克
八角	3颗
桂皮	1小块
香叶	2片
薄荷叶	3片
番茄酱	5汤匙
淀粉	1汤匙
黑胡椒粉	1茶匙
白砂糖	少许
红酒	少许
盐	1茶匙
橄榄油	适量

1 将胡萝卜、番茄洗净，分别切滚刀块；洋葱洗净切小片；西芹洗净切3厘米长的段；薄荷叶切碎末。

2 牛腱子洗净，切边长约3厘米的大块，用厨房纸擦干表面水分，在每块牛腱肉上抹上盐、黑胡椒粉和薄薄的一层淀粉。

3 取一炒锅，炒锅中加入适量橄榄油烧热，放入牛腱块煎至表面焦黄，然后放入姜片、蒜瓣、大葱段炒香。

4 将炒香的牛腱块移入汤锅中，倒入适量热水，放入八角、桂皮、香叶，开大火，煮沸后转小火炖1.5小时。

5 待牛腱块酥烂时，加入胡萝卜块继续炖煮，直至胡萝卜熟透变软。

6 炒锅入适量橄榄油烧热，放入洋葱片煸香，然后下入番茄块、番茄酱、白砂糖翻炒均匀。

7 再将汤锅内炖好的牛腱汤全部倒入炒锅中，并加入西芹段和少许红酒，继续炖煮15分钟，再加少量盐。最后转大火收至汤汁略干，撒上切好的薄荷碎即可。

营养贴士

牛肉富含蛋白质，其氨基酸组成比猪肉更接近人体需要，能提高机体抗病能力，对生长发育及术后、病后调养的人在补充失血、修复组织等方面特别适宜，寒冬食牛肉可暖胃，是冬季的补益佳品。

特色

立秋以后，天气渐渐凉爽起来，可以吃些肉食进补了，牛尾含有丰富的蛋白质和脂肪，是秋季进补的佳品，不过煲这道汤可不能心急，小火慢炖是这道汤成功的不二法门，无需太多材料，炖出来的汤原汁原味，醇厚浓香，让人垂涎欲滴。

就是这么牛

清炖牛尾汤

烹饪时间 240 分钟　　难易程度 中等

主料

牛尾	500 克
白萝卜	200 克

辅料

枸杞子	10 克
姜	10 克
料酒	2 汤匙
盐	适量

烹饪秘笈

将牛尾置于明火上方均匀烤一会儿，就可以轻松去除残留的细毛。萝卜可以根据自己喜好决定炖煮时间的长短，喜欢软一点的早些放进去，反之则迟些放进去。

1 白萝卜在清水中洗净，用刮刀刮去表皮，然后切成大小适中的滚刀块；姜洗净切片备用。

2 检查牛尾上是否有残留的牛毛，冲洗干净后斩成 3 厘米左右的段，然后用清水浸泡 30分钟，以去除血污。

3 取一锅，把牛尾段、部分姜片、料酒倒入锅中，再加入适量清水，烧开焯水，期间撇净浮沫。

4 煮沸后继续煮 3 分钟后捞出，用清水冲去浮沫后控干多余水分。

5 将冲洗后的牛尾放入汤煲中，再放上剩余姜片，再加入适量清水，开大火炖煮。

6 大火煮沸后转中小火，盖上锅盖，焖煮 3 小时左右。

7 3 小时后放入白萝卜继块续炖煮，直至萝卜熟透就可以关火了。

8 最后加入枸杞子和盐调味即可。

冬季暖身必备

清炖羊肉汤

烹饪时间 90分钟　　难易程度 中等

— 特色 —

冬天是吃羊肉的最好季节，能够御寒暖身，温补气血。清炖的羊肉鲜味十足，还有那水灵灵的大白萝卜，怎么也吃不够，保证让你整个冬天火力十足。

— 主料 —

羊肉	500克
白萝卜	300克

— 辅料 —

姜	10克
大葱	15克
香葱	2根
料酒	1汤匙
鸡精	1茶匙
盐	2茶匙
油	少许

1 将羊肉洗净，然后切成小方块，在清水中浸泡30分钟，以去除血污。

2 将浸泡后的羊肉块捞出，放入锅中焯3分钟后捞出，冲去浮沫待用。

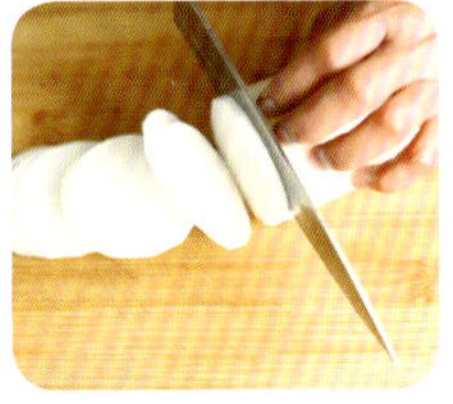

3 白萝卜洗净后，用刮刀刮去表皮，再次冲洗干净后，切成厚约5毫米的片待用。

4 姜洗净切薄片；大葱洗净切长约3厘米的段；香葱洗净后切葱粒。

5 准备好汤煲，将羊肉块、姜片、大葱段放入煲中，加入适量清水。

6 再倒入料酒和少许油，开大火，煮至沸腾后转中小火，炖煮40分钟。

7 40分钟后，放入切好的白萝卜片，继续炖煮至萝卜熟透，关火。

8 最后加鸡精、盐调味，撒上葱粒即可。

烹饪秘笈

对羊肉膻味特别敏感的，可以再加些许花椒和干辣椒段入汤煲中，但因为是清炖汤，所以也不宜太多，以免盖过清汤的鲜美。

开足马力

清炖羊蝎子

240 分钟

中等

– 特色 –

当一大盆诚意十足的羊蝎子摆在你面前，是不是觉得压力山大？刚开始还担心太多了，转眼间就不够吃了。

羊蝎子选用骨缝窄带肉的为最好。将羊蝎子提前浸泡、焯烫，都是为了更多地去除血水和腥膻味。认真做好这两步，炖出的羊蝎子不仅肉汤清澈，而且不腥不膻。
白萝卜虽然是配菜，但是它吸收膻味的能力不可小觑。在挑选白萝卜的时候，要注意不是块头越大越好，要放在手里掂量一下，有压手的沉实感才好，个大却没分量的都是糠的。

— 主料 —

羊蝎子	1000 克
白萝卜	400 克

— 辅料 —

花椒	20 粒
炖肉料	20 克
红辣椒	2 个
料酒	2 汤匙
大葱	10 克
姜	5 克
蒜	6 瓣
盐	1 茶匙

1 羊蝎子让卖家帮忙剁成块。买回的羊蝎子洗净后用凉水浸泡 2~4 小时，其间换 2 次水。

2 羊蝎子放入汤锅内，加凉水没过，放料酒、花椒，开大火煮。

3 大火烧开以后，用勺子撇去浮沫，捞出用热水洗净沥干。

4 取一砂锅，加水烧开，然后放羊蝎子，水面没过肉。大葱切段，姜切片。炖肉料装入调料包。

5 锅中加葱段、姜片、红辣椒、蒜瓣和调料包。

6 锅内水开以后，改小火慢炖，约 1 小时以后放适量盐，继续炖煮半小时到 1 小时。

7 白萝卜洗净去皮切滚刀块。

8 炖到锅内的羊蝎子已经有些脱骨的时候，加入白萝卜一起炖。炖至萝卜软烂即可出锅。

羊肉鲜嫩，营养价值高，凡肾阳不足、腰膝酸软、腹中冷痛、虚劳不足者均可用它作食疗品。特别是对男士而言，有补肾壮阳、补虚温中等作用。

03
第三章
禽类靓汤

家的味道

香菇鸡汤

60 分钟

简单

- 特色 -

每个人的记忆中应该都会有一碗香菇鸡汤吧，不是心灵鸡汤，更不是毒鸡汤，而是家的味道，肥厚多汁的香菇，入口即化的鸡肉，点点油光的浓汤，都浓缩在那一小碗里，捧起碗的那一刻，仿佛征服了全世界。

烹饪秘笈

选择原材料时，也可以选择带骨头的鸡肉，这样煲出来的汤会有骨髓的香味，但是要注意多泡一会儿，把骨头连接处的血污去除干净，不然煲出的汤里会有怪味的。

— 主料 —

鸡腿	1 根
鲜香菇	30 克

— 辅料 —

老姜	5 克
红枣	3 颗
枸杞子	6 克
胡椒粉	适量
盐	适量

1 选择红润饱满有弹性的鸡腿，超市里都有卖，注意摸一下鸡肉的表面，湿润不黏手的是新鲜的，回家后冲洗干净，在水里浸泡 15 分钟，以泡除血块。

2 把鲜香菇洗净，可在表面划上“十”字刀，方便成熟和入味。

3 把老姜洗净，用刮刀仔细刮去表皮，然后切成厚约2毫米的片。

4 把泡好的鸡腿肉捞出，再次冲洗干净，切成边长约 3 厘米的块。

5 取一汤锅，把切好的鸡腿肉放在锅底，再放上切好的姜片。

6 向汤锅内加入足量凉水，开大火，把鸡腿肉焯一下，期间不断撇去浮沫。

7 直到不再有浮沫产出时，把红枣和枸杞子放入锅内，转中火。

8 20 分钟后，把香菇放入锅内，再煮 15 分钟关火，加适量胡椒粉和盐调味就可以了。

营养贴士

香菇富含多种氨基酸、矿物质，及香菇多糖等植物化学物质，不仅是人们理想的美味佳肴，而且具有良好的保健功能和较高的药用价值，可以预防和治疗多种疾病。

特色

自从水果开始混迹于美食界，就出了不少黑暗料理，闹了不少笑话。但这次椰子的潜入恐怕要让看热闹的吃瓜群众失望了，清香的椰汁搭配质地紧实的土鸡肉，小火慢煲一个半小时，就可以收获满满一大碗的香甜。

老火汤中的俏佳人

椰子鸡汤

烹饪时间 120 分钟

难易程度 简单

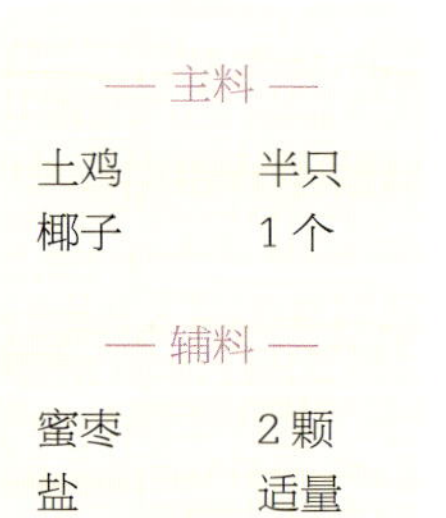

— 主料 —

土鸡	半只
椰子	1个

— 辅料 —

蜜枣	2颗
盐	适量

烹饪秘笈

剩下的椰子千万不要扔掉，还可以做椰壳鸡汤，或者直接把椰肉吃掉也可以。

1 首先去掉鸡皮、鸡头、鸡屁股和肥油，然后把鸡肉上的血块冲洗洗净，在清水中浸泡20分钟。

2 浸泡好后，把土鸡捞出来，斩成小块，再次冲洗干净备用。

3 椰子本身有孔，我们可以用筷子在椰子一端多戳几下，找到小孔，并用力戳下去。

4 把戳好孔的椰子倒放在一个碗上，让椰汁流入碗中。

5 取一个汤锅（砂锅更佳），把斩好的鸡肉放入锅底，把椰汁倒到锅里，再加入适量清水。

6 开大火，把水烧开，用勺子撇去浮沫，缓缓搅动鸡肉，一直把浮沫撇干净。

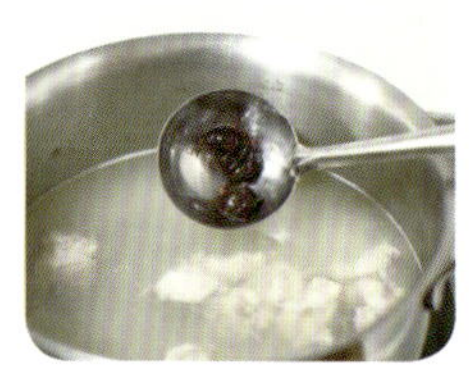

7 不再有浮沫产生之后，把蜜枣放入锅中，加锅盖，转成小火。

8 用小火煲 1.5 小时就可以关火了，最后加盐调味即可。

壮士，干了这碗汤

黄芪鸡汤

 160 分钟　　难易程度 简单

— 特色 —

黄芪在老火汤界真是大拿，不管煲什么汤都是可以放的，这次选择和老母鸡做搭档，又会给我们带来怎样的惊喜呢？让我们拿起勺子一起见证吧。

烹饪秘笈

在斩鸡时，最好让每块肉都带有骨头，这样肉不会因为长时间熬制而变老发柴，而且吃的时候也比全是肉的更好吃。

— 主料 —

老母鸡	半只
黄芪	30 克

— 辅料 —

盐	适量

1 将买回来的老母鸡在清水中冲洗干净，注意一定要把血块冲掉，检查一下鸡皮表面是否还有残留的鸡毛，然后在清水中浸泡 20 分钟。

2 把黄芪冲洗一下，然后泡在一小碗清水中备用。

3 老母鸡浸泡好之后，捞出来，再次冲洗干净，并把它斩成小块。

4 取一个汤锅，把鸡块放入锅内，加入足量清水。

5 开大火，把水烧至沸腾，然后撇去不断产生的浮沫，直到不再产生。

6 然后把黄芪从小碗中捞出，放入锅内，大火熬煮 5 分钟。

7 5 分钟后，转小火，盖上锅盖，煲 2 小时。

8 2 小时后，关火，加入适量盐调味就可以了。

炸裂吧，菠萝鸡

菠萝鸡肉汤

烹饪时间 40 分钟

难易程度 中等

- 特色 -

鸡胸肉，少量菠萝，起锅前撒点葱花，酸甜爽口，回味无穷，这种炸裂的美味会传递到你的每一寸末梢神经。

挑选鸡胸肉时应选择肉质紧实、有弹性，并且看起来是粉色、带有光泽的，这样的鸡胸肉才是新鲜健康的。

— 主料 —

鸡胸肉	300 克
菠萝	1/4 个

— 辅料 —

姜	5 克
香葱	10 克
淀粉	20 克
植物油	5 克
盐	适量

1 把鸡胸肉上的白膜和肥油去掉，然后在清水中冲洗干净，顺着纹理切成片。

2 把姜在清水中冲洗干净，用刮刀刮去表皮，然后切成细丝；香葱洗净后切碎。

3 用刀把菠萝的皮和硬心切掉，把菠萝切成厚约 1 厘米的片，并泡在淡盐水中，以去除涩味。

4 把淀粉和一点盐放在一个碗中，把切好的鸡胸肉片放入碗中，均匀裹上淀粉。

5 取一锅，烧热，加入适量植物油，待油温五成热时，把姜丝放入，煸炒几下。

6 再把裹好淀粉的鸡肉片放入锅中，炒至成熟并微微发黄。

7 同时把菠萝从淡盐水中捞出，控干水分后放入锅中，大火翻炒几下，并加入适量清水。

8 盖上锅盖，煮 20 分钟，20 分钟后，关火，加适量盐调味，撒入香葱碎即可。

营养贴士

菠萝生熟都可以食用，其含有丰富的糖、蛋白质、脂肪、维生素等，此外菠萝还含有膳食纤维，能够润肠通便。菠萝中的蛋白酶还可以帮助消化肉食，非常适合与肉类搭配食用。

特色

冬天，就是一个需要滋补的季节，厌倦了大鱼大肉，选择高蛋白低脂肪的鸡肉做为主料来做一道汤吧。选用骨头比较硬的老母鸡，还有高丽参、香菇、红枣、枸杞子等滋补的材料，煲一锅肉烂汤浓的鸡汤，在寒冷的严冬里体会片刻的温暖。

秋天到了，冬天还会远吗？

高丽参炖鸡

150 分钟

中等

— 主料 —

老母鸡	1 只

— 辅料 —

高丽参	20 克
干香菇	15 克
糯米	40 克
红枣	3 颗
枸杞子	10 克
老姜	5 克
盐	适量

烹饪秘笈

在鸡的腹腔内放入糯米和红枣是为了让整鸡在煲制时不容易变形，而且，糯米会吸收鸡的油分，使糯米变得更油润，而鸡也因为糯米吸油的缘故变得更加清香。

1 将买回来的老母鸡在清水中冲洗一下，放到案板上，切掉头部、鸡爪和鸡屁股，然后在清水中浸泡 30 分钟。

2 高丽参快速水洗，提前在热水中浸泡一宿，第二天变柔软后取出，泡参的水不要倒掉。

3 干香菇在清水中冲洗干净，尤其是伞菌褶皱处，然后浸泡在清水中，待柔软后取出，香菇汁留盆中备用。

4 糯米提前洗净，浸泡一夜；姜洗净后刮去老皮，切成薄片放在一旁备用。

5 取一个汤锅，锅内装满清水，把泡好洗净的整鸡放入锅中，用小火慢慢加热，待水沸腾后盖上盖子，焖 3~5 分钟，捞出备用。

6 将糯米、红枣、姜片从腹腔塞入，八成满即可，然后用牙签把翅膀固定在鸡身上。

7 向汤锅内倒入泡过高丽参和香菇的水，再加入适量的清水，把老母鸡放入锅内，然后放入泡发好的香菇和高丽参、枸杞子，开大火。

8 大火烧开后，用勺子不断撇去浮沫，改小火煲 1.5 小时，然后关火加适量盐调味即可。

千呼万唤始出来

百合玉竹养颜鸡汤

120 分钟

简单

— 特色 —

吃肉吃腻了？换点骨头吧。含有满满胶原蛋白的鸡爪可谓是当之无愧的养颜食材，经过长时间煲煮，鸡爪放到嘴里，稍微用舌头抿一下就骨肉分离了，再喝一口靓汤，混合着百合和玉竹淡淡香味的汤头让我难以忘怀。

烹饪秘笈

如果想吃肉，可以把鸡脚换成鸡翅或鸡腿，但一定要选择有骨头的鸡肉，纯鸡肉的汤不会很鲜美，并且肉也会变老不好吃。

— 主料 —

鸡爪	6 只

— 辅料 —

百合	15 克
玉竹	15 克
薏仁	15 克
姜	5 克
盐	适量

1 用剪刀把鸡爪的趾甲剪掉，在清水中冲洗干净，最好用小刷子把鸡爪刷一遍，可以刷掉看不到的污渍。

2 把百合、玉竹和薏米冲洗一下，然后泡在一小碗清水中。

3 把姜清洗干净，用刮刀刮去表皮，然后切成厚约2毫米的姜片。

4 取一个汤锅，把鸡爪和姜片放入锅内，加入适量清水，开大火把鸡爪焯一下。

5 水沸后，把鸡爪捞出，弃掉姜片。

6 再取一个砂锅，把百合、玉竹和薏仁连水一并倒入锅中，再加入适量的清水，开大火烧开。

7 水沸后，把鸡爪放入砂锅中，等水再次沸腾后盖锅盖，转小火。

8 小火煲制 1.5 小时后关火，加入适量盐调味即可出锅。

— 特色 —

印象中滋补类的汤品好像很难做到真正美味可口，今天这香菇乌鸡汤就让你彻底改观，乌鸡鲜嫩，香菇软烂，汤底更是有滋有味，绝对让你打破对补汤的既定认知，这道汤不但补气血，而且搭配香菇又可以减脂降压，让爱美的女孩们难以拒绝。

养生美味一手抓

香菇乌鸡汤

烹饪时间 140分钟　　难易程度 简单

— 主料 —

乌骨鸡	1只
干香菇	50克

— 辅料 —

生姜	10克
香葱	3根
红枣	5克
枸杞子	1小把
鸡精	少许
盐	2茶匙

烹饪秘笈

干香菇泡发后，如果有的较大，可将其撕成两半，口感更佳；乌骨鸡首次煮开锅后，会有浮沫出现，为了使汤头更加清亮，要将浮沫全部撇去，再进行后续步骤。

1 将乌骨鸡仔细洗净，斩去头和屁股，剪去脚趾，在清水中浸泡30分钟，以去除血污和杂质。

2 干香菇提前用温水泡发，然后仔细洗净，尤其是伞盖的褶皱中，里面会藏有泥沙。

3 生姜去皮洗净后切成姜片；香葱洗净后系成葱结。

4 红枣洗净，去掉枣核；枸杞子洗净待用。

5 将泡好的乌骨鸡再次冲洗干净后放入汤煲内，倒入足够多的清水，开大火煮至沸腾，撇去浮沫。

6 接着放入姜片、葱结、泡发好的香菇，继续煮至沸腾后转小火加盖慢炖80分钟。

7 80分钟后，放入洗净的红枣和枸杞子，继续用小火炖约20分钟。

8 最后关火，调入盐和少许鸡精，搅拌均匀就可以了。

最懂女人心

乌鸡四物汤

160 分钟

简单

— 特色 —

乌鸡可是女人健康的好朋友，这款乌鸡四物汤，是用乌鸡和四味对女人身体有益的中药材煲制而成的。如果有人愿意天天给你煲这道汤喝，那姑娘们可以考虑嫁给他了。

— 主料 —

乌骨鸡	半只

— 辅料 —

当归	10 克
川芎	8 克
白芍	12 克
熟地	12 克
姜	5 克
盐	适量

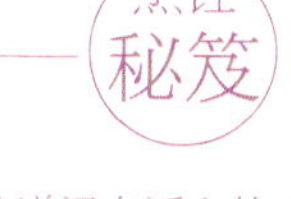

这道汤有活血的功效，特别适合女性饮用，但是要注意在经期时不可以喝。

1 把乌骨鸡在流水下冲洗干净，然后在清水中浸泡 20 分钟。

2 20 分钟后，把乌骨鸡捞出，再次冲洗一下，然后斩成小块。

3 把姜洗干净，用刮刀把姜皮刮掉，然后切成厚片。

4 把当归、川芎、白芍和熟地稍微冲洗一下，然后泡在一小碗清水中。

5 取一个砂锅，把乌鸡块和姜片放入锅中，然后加入足量清水，开大火。

6 待大火把汤煮沸，用勺子撇出浮沫，直到不再产生浮沫。

7 把当归、川芎、白芍和熟地从小碗中捞出，然后放入砂锅中，盖上锅盖，转小火。

8 小火煲 2 小时，关火，加入适量盐调味就可以了。

特色

高蛋白质的响螺肉，高胶原蛋白的鸡爪，高维生素的木瓜，此“三高”绝非彼“三高”，这可是每个女生必备汤谱里的一员大将。汤水橘黄，透着成熟木瓜的香气，还有鲜气十足的响螺肉，以及白白嫩嫩、入口即化的鸡爪，简直想一头扎进汤里。

木瓜？你懂的！螺头鸡爪木瓜汤

90分钟

简单

主料

鸡爪	6只
响螺肉	30克
木瓜	100克

辅料

银耳	1朵
枸杞子	3克
盐	适量

在挑选木瓜时，如果想让汤变得香甜，可以选择稍微软一些的；如果想让汤清澈淡雅，就要选择稍微硬一些的。

1 将鸡爪用小刷子刷洗干净，剪去趾甲，在清水中浸泡20分钟。

2 把响螺肉去掉肠部，用盐把肉搓一遍，然后在清水中冲洗干净。用盐的目的是杀菌。也可直接购买螺肉片干，泡发洗净就可以。

3 把木瓜表面冲洗干净，用刮刀刮去表皮，再用勺子把木瓜子刮掉，切成比较大的滚刀块，因为木瓜很容易熟，所以要切大一些。

4 把银耳和枸杞子在清水中冲洗一下，再泡到一小碗清水中备用。

5 取一个汤锅，烧一锅开水，把洗好的响螺肉在沸水中焯一下，捞出备用。

6 取一个砂锅，把鸡爪、银耳和枸杞子一起放入锅内，再加入适量清水，开大火。

7 水沸后，把表面上的浮沫撇除，再加入响螺肉，盖上锅盖，转小火。

8 30分钟后，放入木瓜块，小火煲煮20分钟后，关火加盐调味就可以了。

甜过初恋

红枣花生煲鸡爪

烹饪时间 95 分钟　　难易程度 简单

— 特色 —

瞬间让你元气满满、满血复活的一道汤，经过 1 小时的煲制，红枣变得香甜软烂，花生也软糯爽口，鸡爪更是入口即化，这柔和的口感搭配着鲜甜的汤头，让人不禁怀念起初恋的甜蜜。

— 主料 —

鸡爪	6 只

— 辅料 —

红枣	10 颗
花生米	20 克
姜	5 克
盐	适量

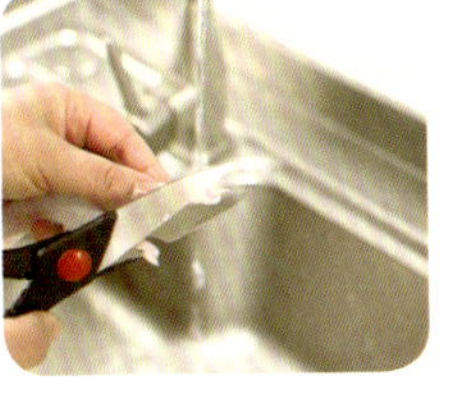

1 鸡爪用小刷子刷洗干净，并且剪去趾甲，冲洗干净后在清水中浸泡 20 分钟。

2 把红枣和花生米冲洗一下，用剪刀把红枣剪开，去掉枣核，放在一旁备用。

3 姜冲洗干净，用刮刀刮去表皮，然后切成约 2 毫米厚的片。

烹饪秘笈

在挑选花生米时，最好选用红衣花生，因为红衣花生米的补血效果是最好的。

4 把鸡爪捞出，再次冲洗后放入一个砂锅里，加入切好的姜片和适量清水，开大火。

5 大火烧开后，用勺子撇去少量的浮沫，把红枣和花生米放入锅内，大火煮 3 分钟。

6 3 分钟后，盖上锅盖，转小火煲煮 1 小时，然后关火加适量盐调味即可。

有态度的老火汤

冬瓜薏米煲水鸭

90 分钟

简单

－特色－

做汤就像做人，有态度，很重要。这碗有态度的冬瓜薏米煲水鸭，肉烂汤浓，还有软烂爽口的冬瓜，口感筋道的薏米，微微泛着油光的汤头，直叫人魂牵梦萦，久久不能忘怀。

烹饪秘笈

这是一道适合夏天喝的汤，冬瓜是特别清热的一种蔬菜，并且清热的功效主要在瓜皮而并非瓜肉，所以要想发挥冬瓜的最大功效，冬瓜就要连皮切块来煲汤。

— 主料 —

水鸭腿	1 只
薏米	70 克
冬瓜	200 克

— 辅料 —

陈皮	3 片
蜜枣	2 颗
盐	适量

1 把买回来的鸭腿洗干净，在清水中浸泡20 分钟，以去除部分腥味和油污。

2 提前把薏米和陈皮洗净后，分别在小碗中浸泡一夜，这样可以更好成熟和出味。

3 把鸭腿捞出，冲洗干净，并且斩成小块，再次冲洗干净备用。

4 把冬瓜冲洗干净，去掉瓜子和瓜瓤，直接带皮切成约 2.5 厘米见方的块。

5 取一个汤锅，把蜜枣、水鸭块和薏米、陈皮连水一并倒入锅内，再加入适量清水，开大火。

6 把水烧到沸腾，撇去不断产生的浮沫，直到不再产生。

7 把冬瓜块放入锅中，保持大火，再次煮沸，然后转小火。

8 盖上锅盖，小火煲 1 小时，然后关火，加适量盐调味就可以喝了。

营养贴士

冬瓜含维生素 C 较多，且钾盐含量高，钠盐含量较低，可以消肿利尿，也可以减肥，冬瓜性寒味甘，清热生津，适合在夏天食用。

– 特色 –

天气微凉的初秋季节，是最容易生病的时候，是时候煲一锅沙参玉竹老鸭汤了。《本草求真》里说，老鸭是“食之阴虚亦不见燥，阴虚亦不见冷”。搭配沙参玉竹和老姜，合而为汤，滋阴清润、去疾补虚，汤头清淡，唇齿留香。

温暖你的初凉早秋

沙参玉竹老鸭汤

烹饪时间 160 分钟　　 简单

— 主料 —

老鸭	1 只（约 600 克）
北沙参	60 克
玉竹	60 克

— 辅料 —

老姜	5 克
盐	适量

烹饪秘笈

有些不良商家为了增加鸭子的重量，会往鸭肉里注水，我们在挑选鸭子时一定要注意识别注水鸭，注过水的鸭，翅膀下一般有红针点，皮层有打滑的现象，肉质也特别有弹性。最快捷的识别方法是：用手指在鸭腔内膜上轻轻抠几下，如果是注过水的鸭，就会从肉里流出水来。

1 检查老鸭，看是否还有未褪干净的毛，冲洗一下，然后斩成块，在清水中浸泡 30 分钟，以泡除血污和浮油。

2 北沙参和玉竹冲洗干净，北沙参控水后备用，玉竹在清水中浸泡 30 分钟。

3 老姜洗净后，用刮刀刮去老皮，然后切成片。

4 取一个汤锅，把泡好的鸭块再次冲洗后放入锅内，再放上姜片，加入足量的清水，不要盖锅盖，开大火。

5 水沸腾后，用勺子慢慢撇去浮沫，直到不再有浮沫产生。

6 然后盖上锅盖，改用小火煲 30 分钟后，打开锅盖，用勺子撇去汤面上的鸭油。

7 然后向砂锅内放入北沙参和玉竹，盖上锅盖，小火继续煲 1.5 小时。

8 1.5 小时后，关火，打开锅盖，放入适量盐调味就可以了。

变废为宝

鸭架汤

 120 分钟　　 简单

— 特色 —

经过高温烤制的鸭架有浓浓的香味，可是几乎都是骨头，扔掉觉得可惜，不扔实在没法下口，智慧的中国人选择用它来煲汤，无需添加其他佐料，盖上锅盖，静静等待两个小时，打开锅盖便是奶白醇厚的鸭架汤了。

— 主料 —

鸭架	1 具

— 辅料 —

姜	5 克
盐	适量

烹饪秘笈

加水一定要一次性加足，不可以在中途加水，这样会破坏靓汤浓厚的香味。

1 把鸭架（吃烤鸭剩下的）上的内脏、血块等脏东西去掉，然后切成大块。

2 把姜洗干净，用刮刀刮去表皮，切成 2 毫米厚的片。

3 找一个砂锅，把鸭架和姜片放入锅内，然后加入足量的清水，开大火。

4 等锅内的水沸腾后，转中火，用勺子把表面的浮沫撇净。

5 盖上锅盖，转小火，煲制 20 分钟。

6 20 分钟后，打开锅盖，用勺子把表面的浮油撇去。

7 盖上锅盖，用小火继续煲 1 小时。

8 1 小时后，关火，然后加入适量盐调味就可以了。

就好这一口

酸萝卜老鸭汤

160 分钟

难易程度 简单

- 特色 -

一锅老鸭汤，是多少婆婆妈妈的心头好啊！有事没事炖一锅，来上一碗，补而不燥，清而不淡，体热上火者别再费劲去寻觅他法了。

烹饪秘笈 在加盐之前，可以先盛一点汤尝一下咸淡，再根据情况放盐，因为酸萝卜本来就有咸味，一不小心就容易把汤做得太咸了。

— 主料 —

老鸭	1只（约600克）
酸萝卜	300

— 辅料 —

老姜	5克
盐	适量

营养贴士

老鸭的营养价值很高，老鸭肉含蛋白质、脂肪、碳水化合物、多种维生素及矿物质等，老鸭肉中的脂肪含量适中，比猪肉低，易于消化，并较均匀地分布于全身组织中。中医认为，鸭肉可大补虚劳、滋五脏之阴、补血行水、养胃生津，对病后体虚、营养不良性水肿者有食疗功效。

1 将买回来的老鸭冲洗干净，在案板上剁成大块，然后在清水中浸泡30分钟，以泡除血污和浮油。

2 酸萝卜不用去皮，直接切成大块，切好后放在一旁备用。

3 老姜洗净后，用刮刀刮去老皮，切成大块后，用刀拍扁，这样在煲汤时更容易出味。

4 把切好的鸭块捞出，再次冲洗干净后和拍好的老姜一同放入一个砂锅内，然后向锅内加入足量的水，开大火。

5 等大火把水煮沸后，转中火，用勺子把不断产生的浮沫捞干净，直到不再产生。

6 然后盖上锅盖，转小火，煲1小时。

7 1小时后，打开锅盖，把表面的浮油捞干净，然后放入切好的酸萝卜块。

8 盖上锅盖，继续煲1小时后关火，再加入适量盐调味即可。

留住青春的汤

花胶补血养颜鹌鹑汤

140 分钟

难易程度 中等

特色

对女人来说，永葆青春几乎是每个人的梦想。除了日常外用的保养品之外，内服的膳食也是很重要的，花胶补血养颜鹌鹑汤是选用多种对女人身体有益的食材和药材小火慢煲而成的，汤头清淡鲜香，于无形处补血养颜，真是女人的好帮手。

烹饪秘笈

鹌鹑的头和脖子上的皮都要去掉，这样煲的汤才会清香、不油腻。

— 主料 —

鹌鹑	2只

— 辅料 —

花胶	3个
红枣	5个
黄芪	50克
虫草参	8条
海底椰	5片
莲子	5粒
姜	5克
盐	适量

1 鹌鹑在清水中冲洗干净，尤其是胸腔内，要把血块都冲洗干净，然后在清水中浸泡20分钟。

2 把花胶、红枣、黄芪、虫草参、海底椰片、莲子冲洗干净，然后分别泡在六个小碗里，可以提前泡，浸泡2小时或更久。

3 把姜洗干净，用刮刀刮去老皮，然后切成2毫米厚的片，红枣去核。

4 把鹌鹑捞出，在清水中冲洗干净，把它放在炖盅里。

5 再把除盐以外的其他辅料放入炖盅，加入足量的清水，淹没所有食材。

6 把炖盅放入蒸锅，加水至炖盅的一半处，开大火。

7 把炖盅和蒸锅的锅盖都盖上，大火蒸煮1小时。

8 1小时后转小火，再煮1小时，然后关火加盐调味就可以了。

鹌鹑既有鲜美的味道，又有着丰富的营养，鹌鹑肉中富含蛋白质，还含有多种维生素和矿物质，是典型的高蛋白、低脂肪、低胆固醇食物，特别适合中老年人以及心血管病、肥胖病患者食用。

小身材，大能量

蒸乳鸽

240 分钟

简单

- 特色 -

你可不要小瞧乳鸽，在那小小的身躯里可蕴藏着巨大的能量，再搭配上老姜、红枣和枸杞子，高汤清淡细腻，乳鸽肉质细嫩鲜香，让你整个冬天都活力满满。

烹饪秘笈

为了让乳鸽的汤更加浓香，所以要煲制较长时间，但是长时间的加热会让乳鸽的肉质变老，隔水蒸就可以很好地解决这一问题，不但使汤更醇香，而且乳鸽的肉也不会变老，营养成分也不会流失。

— 主料 —

乳鸽	1只

— 辅料 —

姜	5克
红枣	3颗
枸杞子	5克
盐	适量

1 检查买回来的乳鸽褪毛是否干净，然后用清水冲洗干净，在清水中浸泡30分钟。

2 把姜冲洗干净，用刮刀刮去表皮，然后切成2毫米厚的片。

3 红枣稍微冲洗一下，用刀把红枣切成两半，把枣核挖去。

4 枸杞子在清水中冲洗一下，然后和红枣一起泡在一小碗清水中，浸泡20分钟。

5 取一个蒸盅，把乳鸽捞出来再次冲洗后放入蒸盅内，把切好的姜片和红枣、枸杞子连水一并放入蒸盅。

6 把蒸盅放在汤锅里，向蒸盅内加水，加到刚刚没过食材就好。

7 然后向蒸锅内加水，加到蒸盅高度的一半处，盖上蒸盅和蒸锅的锅盖，开大火。

8 大火蒸1小时，转小火煲2小时，关火，再闷半小时开盖，加入适量盐调味就可以了。

营养贴士

乳鸽的骨内含丰富的软骨素，常食能增强皮肤弹性，改善血液循环。乳鸽肉含有较多的支链氨基酸和精氨酸，可促进体内蛋白质的合成，加快创伤愈合。常吃可使身体强健；养颜美容。

冬日里的人间美事

乳鸽莲子红枣汤

烹饪时间 180 分钟

难易程度 中等

- 特色 -

精致的广式靓汤中的一员小将，用小将来称呼它，是因为这道汤的主料是乳鸽，乳鸽味道鲜香、肉质细嫩，所以煲制方法也是采用炖盅去蒸，这样可以保证乳鸽的完整和口感，而且搭配莲子和红枣，在冬天能喝上这样一碗汤，实属人间美事。

用隔水炖的方法，可使原料和汤汁受热均匀，营养和水分不易流失，炖出来的汤原汁原味、鲜香醇厚。

— 主料 —

乳鸽　　1只

— 辅料 —

去心干莲子 10克
红枣　　6颗
盐　　适量

1 干莲子提前2小时浸泡，这样会使莲子变软，更容易成熟。

2 将乳鸽冲洗干净，然后斩成块，在清水中浸泡30分钟。

3 将红枣冲洗干净，然后用刀把红枣切成两半，把枣核去除。

4 取一个汤锅，把切好的乳鸽块捞出，再次冲洗干净后把乳鸽放入锅中，再加入足量的清水，开大火焯水。

5 水沸后，大火滚煮3分钟，把浮沫煮出来，然后关火，把乳鸽块捞出。

6 将焯过水的乳鸽块和莲子、红枣放入炖盅里，加入适量热水。

7 把炖盅放入蒸锅内，蒸锅内放入淹没到炖盅一半的清水，盖上炖盅和蒸锅的锅盖。

8 开大火煮2小时，打开锅盖加入适量盐调味就可以了。

营养贴士

中医认为，莲子具有补脾止泻、养心安神、益肾固精等食疗功效。红枣则富含铁质，有滋阴补血的作用。与乳鸽搭配煲汤，可益气补血、补肝壮肾，让你在冬季也充满生机活力。

04
第四章
河海鲜汤

好一碗相思汤

红豆鲫鱼汤

 130 分钟

 中等

- 特色 -

一说到红豆，难免使人联想到唐代大诗人王维的那首诗《相思》。用红豆来煲汤也会让人相思，软糯香甜的红豆搭配鲜香肥美的鲫鱼，小火慢慢煲出令人相思的美味，浓白的鱼汤，沉着几颗红豆，喝一口入嘴中，让人欲罢不能。

烹饪秘笈

鲫鱼先经过煎制，再用来煲汤，这样处理没有腥味，而且汤汁的味道会更鲜美。

— 主料 —

大鲫鱼	1 条（约 300 克）
红豆	150 克

— 辅料 —

姜	5 克
植物油	3 克
盐	适量

1 买回鲜活的鲫鱼，去鳞去鳃、去内脏，然后洗净，在鱼身上斜着划几刀，放在一旁备用。

2 把红豆洗净，然后在清水中浸泡一会儿。

3 姜洗净后用刮刀刀刮去老皮，切成厚片。

4 取一个砂锅，倒入 1000 毫升清水，再把红豆倒入，开大火。

5 炒锅烧热，用姜片将锅内壁擦一圈，这样可以有效防止煎制时粘锅。

6 放油烧至七成热，即能看到轻微油烟的时候，下入鲫鱼煎至两面变色，加入少量砂锅中烧沸的清水。

7 鲫鱼及汤水倒入煮着红豆的砂锅中，炖煮 1.5 小时左右。

8 最后根据自己的口味加入盐调味。

营养贴士

红豆含有较多的皂角苷和膳食纤维，可刺激肠道，因此它有良好的利尿和润肠通便作用，能解酒、解毒，而且红豆是富含叶酸的食物，产妇、乳母多吃红豆有催乳的功效。

要我怎能不爱你

冬瓜鲫鱼汤

90 分钟

简单

- 特色 -

鲫鱼先煎再煮，不仅保持了鱼完整的形状，而且经过高温煎制的鱼皮锁住了鱼肉的水分，使鱼肉在炖煮的过程中不会变柴，而且鱼汤会变得白白的，再加入一点冬瓜辅助，汤头更加清香鲜美，要我怎么不爱它。

烹饪秘笈

鲫鱼煎制后再炖汤，香味更加浓郁，炖汤时一定要一次性加足水，后续加水会大大破坏汤的口感。

— 主料 —

鲫鱼	1 条
冬瓜	350 克

— 辅料 —

生姜	5 克
大葱	10 克
香葱	2 根
白胡椒粉	1/2 茶匙
盐	2 茶匙
油	少许

1 鲫鱼去鳞去鳃、去内脏，然后洗净待用。

2 冬瓜去皮去瓤，洗净，切薄片待用。

3 生姜去皮洗净，切姜片；大葱洗净，切葱丝；香葱洗净，切葱粒。

4 炒锅内倒入少许油，烧至七成热，放入洗净的鲫鱼。

5 小火慢慢煎制鲫鱼两面金黄，然后放入姜片、葱丝一起爆香。

6 接着将鲫鱼连同姜丝、蒜片一起倒入砂锅内，并加入足量开水。

7 大火煮至开锅后转小火炖 40 分钟，然后放入冬瓜片，继续煮至冬瓜熟透。

8 最后调入白胡椒粉、盐调味，撒入香葱粒即可。

营养贴士

鲫鱼肉质细嫩，肉味甜美，营养价值很高，每百克肉含蛋白质 13 克、脂肪 11 克，并含有大量的钙、磷、铁等矿物质，鲫鱼所含的蛋白质质优、齐全、易于消化吸收，并且有健脾利湿、和中开胃、活血通络、温中下气之功效。

新妈妈必备

鲫鱼豆腐汤

烹饪时间 40 分钟

难易程度 简单

特色

这道鲫鱼豆腐汤，多数时候是婆婆妈妈为产妇准备的下奶汤。对于大多数人来说，秋冬季节来一碗好喝的鱼汤暖暖身子也是极好的。

烹饪秘笈

鲫鱼清洗干净后，可在鱼身两面分别浅浅斜划两刀，可以使腌制、烹制鲫鱼时更加入味。

— 主料 —

鲫鱼	1 条
南豆腐	200 克

— 辅料 —

生姜	5 克
香葱	2 根
料酒	1 汤匙
白胡椒粉	1/2 茶匙
鸡精	1/2 茶匙
盐	1 茶匙
油	少许

1 生姜洗净后去皮，然后切成姜丝；香葱切去根须，洗净并系成葱结。

2 将鲫鱼刮去鱼鳞，抠掉鱼鳃，并清理好内脏，注意要把鱼腹腔内壁的黑膜去掉，那是重金属沉积，对人身体有害。鱼处理好后放在碗中，加入姜丝、料酒拌匀，腌制 15 分钟以去除腥味。

3 南豆腐切2厘米见方的块。

4 取一炒锅，锅内倒入少许油，烧至七成热，放入腌制好的鲫鱼，小火慢煎至鱼身微焦。

营养贴士

这道鲫鱼豆腐汤口味咸鲜可口，鲫鱼有着很好的催乳功效，豆腐更含有丰富的营养价值，对于产后妇女尤为有益。

5 然后向锅内倒入适量开水，并放入葱结，大火煮沸，再放入切好的豆腐块。

6 最后待鲫鱼熟透后，放入白胡椒粉、鸡精、盐调味即可。

冬天也要嫩嫩的
鱼头豆腐汤

90 分钟

难易程度 中等

—特色—

当想要用鱼头来熬汤时，人们总会想到它的好搭档——豆腐。乳白色的汤滋味鲜香，滑嫩的豆腐口感细腻，满满的诚意端上桌来，这道汤不仅可以暖身健脑，还可以使人皮肤润泽细腻，干冷的秋冬季节最适合来一碗啦！

烹饪秘笈

清理鱼头的时候注意仔细冲净残留的泥沙，鳃一定要去净，否则直接影响汤的口感。

— 主料 —

鱼头	1 个
豆腐	250 克

— 辅料 —

姜片	10 克
香葱	20 克
盐	适量
油	适量

1 将鱼头的鳃去除，用清水冲洗干净，纵刀剖成两半；姜洗净后切片；香葱去根，洗净后切粒。

2 把豆腐切成 2.5 厘米见方的块，同时烧开适量清水备用。

3 取一炒锅，将炒锅烧热，用姜把锅的内壁擦一遍，这样可以有效地防止煎制时鱼皮粘锅。

4 锅内加入少量油，烧至七成热，即能看到轻微油烟，下入鱼头煎至两面变色。

5 再加入足量烧沸的清水，将鱼头及汤水转入锅中，炖煮 1 小时左右至汤色逐渐变为浓白色。

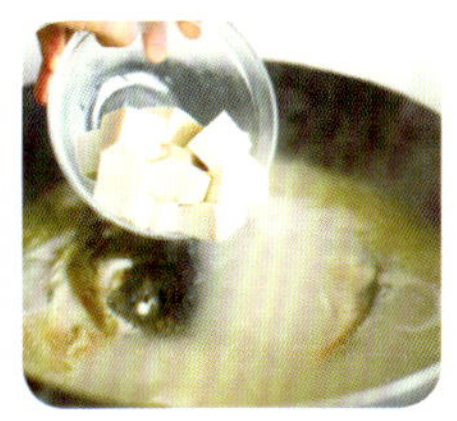

6 此时把豆腐块加入锅中，再炖煮 15 分钟就可以关火了。

7 最后根据自己的口味加入适量盐调味，撒入香葱粒即可。

营养贴士

豆腐的营养价值与牛奶相近，对因乳糖不耐症而不能喝牛奶，或为了控制慢性病不吃肉禽类的人而言，豆腐是最好的代替品。

吸溜溜又是一大口

宽粉炖鱼头

烹饪时间 60 分钟

难易程度 中等

特色

鱼头汤是秋冬季节的新宠，以前只知道牛羊肉是滋补温暖身体的首选，可如今，在寒冷的冬季煲一锅暖胃又暖身的鱼头汤成了更多家庭的新选择，再加上吸溜溜一大口的宽粉，像极了北方人民的豪爽，好喝又有乐趣，还不快动手为家人煲一锅？

烹饪秘笈

莴笋皮一定要削干净，并且连同那层硬茎一同削去，否则影响口感；如果买来的莴笋根部较老，也要切掉不要。

— 主料 —

鱼头	1个
宽粉	150克
莴笋	300克
金针菇	200克

— 辅料 —

蒜末	5克
姜末	5克
葱花	5克
料酒	1茶匙
生抽	2茶匙
盐	2茶匙
油	适量

1 将鱼头的鳃挖去，仔细清洗干净，用料酒和盐把内外涂抹均匀，腌制片刻以达到去腥和入味的目的。

2 利用腌制的时间，将莴笋的表皮用刀削去，然后洗净切薄片；宽粉用温水泡软，洗净待用。

3 金针菇撕成小束，洗净备用，如果根部有泥沙，可以切去。

4 取一炒锅，锅中放入少许油烧至七成热，放入腌制好的鱼头，煎至两面微焦后，关火将鱼头取出。

5 炒锅洗净后再次上火，倒入适量油烧热，放入姜末、蒜末爆出香味。

6 然后放入莴笋片，快速翻炒2分钟；接着放入金针菇翻炒至变软。

7 再放入煎好的鱼头，并加入适量开水，开大火，煮沸后放入泡好的宽粉煮3分钟左右。

8 再次煮沸后调入生抽，转小火盖上锅盖炖煮20分钟左右，出锅前加入盐调味，撒入葱花即可。

营养贴士

鱼头和鱼肉一样，都是高蛋白的食品。同时，鱼头中的DHA含量也很高，能够促进大脑发育，对于脑力劳动者来说，是不错的补养品。其次，鱼眼中的维生素A、维生素D含量颇高，对视网膜的健康也有帮助。

一口鲜香挡不住
鱼头香葱汤

烹饪时间 30 分钟

难易程度 简单

- 特色 -

中国人不会放过任何一个可以做成美味的食材，什么边边角角都可以拿来烹饪。这次的鱼头香葱汤就是用鱼头做的一道美味，鱼头虽然肉不多，但是鱼特有的鲜香却是一点也不含糊，先在油中煸炒一下，然后加水熬煮，不一会儿香味就会透过锅盖慢慢渗透出来了。

鱼头煎一煎后再煮汤，会更香；香葱的白色部分不要择去，一起用来煮汤，香味更甚。

— 主料 —

鱼头	1 个
香葱	100 克

— 辅料 —

生姜	10 克
盐	2 茶匙
油	少许

1 鱼头去鳃，对半切开，仔细清洗干净待用。

2 生姜洗净，切姜丝；香葱洗净，切葱粒。

3 炒锅内倒入少许油，烧至七成热，放入姜丝爆香。

4 接着放入洗净的鱼头，小火煎至鱼头微焦。

5 倒入适量清水，大火煮至开锅。

6 最后放入香葱粒，并加盐调味即可。

营养贴士

鱼头营养高、口味好，富含人体必需的卵磷脂和不饱和脂肪酸，对降低血脂、健脑及延缓衰老有好处。

豆腐撑起半边天

黄鱼炖豆腐

40 分钟

中等

— 特色 —

冬天就要重口味，黄鱼炖豆腐——这一盘浓油赤酱，一端上桌就赚足了眼球。鲜嫩弹牙的鱼肉，嫩滑的豆腐，都被包裹上浓厚的酱汁，不仅饱了口福，而且让你的身体一整个冬天都是暖暖的。

烹饪秘笈

煎黄鱼时，黄鱼皮很容易脱落，所以一定要热油煎，尽量少翻面；豆腐也很容易碎掉，可以在下锅之前焯一下水。

— 主料 —

黄鱼	2条
豆腐	250克

— 辅料 —

姜	2片
大蒜	3瓣
葱花	适量
酱油	1汤匙
醋	1茶匙
料酒	1茶匙
淀粉	适量
白砂糖	1/2茶匙
盐	适量
油	适量

1 黄鱼去鳞、去内脏、去鳃后洗净备用，一定要把鱼腹腔内壁黑色膜去掉。

2 姜片洗净切姜末；大蒜剥皮洗净切蒜末。

3 豆腐切成2厘米见方的块。

4 将洗净后的黄鱼均匀拍上淀粉。

5 取一炒锅，倒入适量油，烧至七成热，把黄鱼放入，煎至两面金黄。

6 调小火，把姜末和蒜末放入锅内，煸炒出香味，动作要轻，不要把黄鱼弄碎。

7 接着向锅内加入料酒、白砂糖，倒入适量清水，并将豆腐块倒进锅中，大火煮10分钟左右。

8 再倒入酱油、醋继续烧1分钟左右关火，加入适量盐，依个人口味撒上葱花就可以了。

营养贴士

每100克黄鱼肉中含蛋白质17.6克，还有钙、磷、铁、B族维生素等营养物质，对人体有很好的补益作用，可以抗衰老、填精补气，对贫血、失眠、头晕、食欲不振及妇女产后体虚有很好的食疗作用。

“海八珍”之一

花胶汤

150分钟

简单

- 特色 -

花胶自古以来就是“海八珍”之一，它含有丰富的胶原蛋白，用花胶煲汤可以最大限度地保留它的营养成分。为了防止花胶单独煲汤会有腥味，所以加入了猪肉、香菇和陈皮，不仅去腥而且提香提鲜，是一道营养又美味的汤，赶快拿起勺子准备品尝吧。

烹饪秘笈

在煲花胶汤时，可以放入少量冰糖，冰糖不但可以提鲜去腥，而且它具有润肺生津、益脾和胃的功用，可谓一举两得，在煲甜汤时都可以放一点冰糖。

— 主料 —

花胶	5筒

— 辅料 —

猪肉	100克
干香菇	4个
陈皮	1块
干贝	2粒
螺头	4颗
桂圆	2颗
盐	适量

1 花胶提前用冷水浸泡6小时，然后洗净，切成小块备用。

2 猪肉冲洗干净后，用刀切成约2厘米见方的块。

3 干贝和螺头在清水中冲洗一下，然后用沸水氽烫一下。

4 干香菇、陈皮和桂圆泡在一小盆清水中，浸泡一夜。

5 取一个汤锅，把猪肉块冷水下锅，大火烧开氽烫，然后沥出备用。

6 取一砂锅，把香菇、陈皮和桂圆连水一起，及猪肉块、干贝和螺头全部放入砂锅，然后加入适量清水，开大火。

营养贴士

花胶含有丰富的蛋白质、胶质等，有滋阴、固肾的功效，可助人体迅速消除疲劳，对外科手术后患者伤口之恢复也有帮助。

7 大火烧开后，撇去少量浮沫，把花胶放入锅中，大火煮3分钟，然后转小火。

8 小火继续煲2小时，然后关火加盐调味就可以了。

奇妙的组合

滑蛏笋丝汤

40 分钟

简单

特色

细嫩的蛏子，脆爽的酸笋，这两种看起来并不是很合拍的食材放在一起，竟然会产生如此惊人的美味，汤头微微酸甜，咬一口酸笋清爽，喝一口滑蛏幸福，这种味道是无法用苍白的文字形容的，只有自己喝了才知道。

烹饪秘笈

在蛏肉表面裹一层淀粉是为了用淀粉锁住蛏肉的水分，使其不在煸炒时影响口感，破坏它的营养成分。

— 主料 —

蛏	300 克
酸笋	100 克

— 辅料 —

淀粉	10 克
姜	5 克
植物油	5 克
盐	适量

1 把蛏表面冲洗干净，生剥出蛏肉，把蛏肉冲洗干净后控干水分备用。

2 把酸笋冲洗一下后切丝，姜去掉老皮后切薄片。

3 取一个小碗，把淀粉放入小碗中，然后把蛏肉放入淀粉中，用手抓匀，使蛏肉表面均匀裹上淀粉。

4 取一个炒锅，锅烧热后倒入植物油，待油温烧至五成热时，放入姜片，翻炒两下后放入蛏肉。

5 待蛏肉表面的淀粉微黄后，放入切好的笋丝，再翻炒 1 分钟后加入适量水，开大火。

6 等水沸腾后，转小火煮 20 分钟。

7 用剩下的淀粉调一点水淀粉，把水淀粉倒入锅中，同时并不断搅拌。

8 等水再次沸腾后，关火，加入适量盐调味就可以了。

营养贴士

蛏肉含丰富的蛋白质、钙、铁、硒、维生素 A 等营养元素，滋味鲜美，营养价值高，具有补虚的功能。

好喝到没朋友

虾仁胡萝卜汤

烹饪时间 55分钟

难易程度 简单

- 特色 -

虾仁煲汤,没有几个人会拒绝吧,丝滑的汤水中夹杂着粒粒虾仁,还有清新的胡萝卜,一硬一软一丝滑,三种奇妙的口感,搭配微微刺激的白胡椒,简直好喝到没朋友。

烹饪秘笈

切胡萝卜时，只需要把胡萝卜切到大小适中即可。要放多少水看具体喝汤的人数，平均每人两碗就够了。

— 主料 —

虾仁	60 克
胡萝卜	200 克

— 辅料 —

淀粉	适量
白胡椒粉	2 克
盐	适量

1 超市买回的速冻虾仁要先在流水中冲化，然后轻轻地搓洗虾仁表面，洗干净后控水备用。

2 胡萝卜洗净后用刮刀刮去表皮，然后切成约 2 厘米见方的块。

3 取一汤锅，倒入适量清水并煮沸，把胡萝卜放入锅中，大火滚煮 5 分钟，至断生。

4 然后把虾仁放入锅中，大火煮 3 分钟。

5 期间调制一碗水淀粉，半小时后，把水淀粉倒入锅中，并不断搅拌。

6 等到再次烧开后就可以关火，最后放入少量白胡椒粉和盐调味就可以了。

营养贴士

虾的肉质松软易消化，富含蛋白质，对身体虚弱及病后需要调养的人是极好的食物。虾还富含钙、磷、镁等矿物质，对儿童、孕妇尤有补益功效。虾还含有丰富的能降低人体血清胆固醇的牛磺酸，适合心血管病患者、老年人食用。

05
第五章
快手生滚汤

家常的美味

番茄蛋花汤

30 分钟

简单

— 特色 —

很多人学习的第一道汤就是它了吧，这是汤谱中最经典的一道。用最简单的食材做出最单纯的满足感，看着满眼的红红黄黄，点缀几粒香菜碎，再滴上几滴香油，喝上两大碗都不过瘾。

烹饪秘笈

在向锅内倒入蛋液时，一定要慢慢倒，这样才能形成好看的蛋花，如果担心倒不好，可以在打蛋液时加入一点点水，这样也会形成薄薄的蛋花。

— 主料 —

番茄	2个
鸡蛋	3个

— 辅料 —

香菜碎	10克
淀粉	10克
香油	3克
盐	适量

1 将番茄洗干净，去掉蒂，然后切成小一点的滚刀块。

2 鸡蛋磕入碗中，用筷子顺着一个方向搅打成蛋液。

3 烧一锅开水，把番茄下入锅中，大火再次烧开。

4 取一个小碗，调制一碗水淀粉，然后倒入锅中，在倒的过程中要顺着一个方向搅动。

5 等到水再次烧开后，把蛋液转着圈的缓缓倒入锅中，期间也要不断搅动，这样才能形成蛋花。

6 倒完鸡蛋后马上关火，加入适量盐调味，依个人口味放香菜碎和香油即可。

营养贴士

番茄富含维生素C、多种矿物质及有机酸，有促进消化、利尿、抑制多种细菌的作用，在炎热的夏天，番茄是比防晒霜更好的防晒品，因为番茄富含抗氧化剂番茄红素，每天摄入15毫克番茄红素可将晒伤的危险系数下降40%。

心急喝不了热汤
时蔬蛋花汤

烹饪时间 30 分钟

难易程度 简单

- 特色 -

工作日的早上，可以来上这么一碗快手汤，绿绿的蔬菜和黄黄的蛋花，提供了满满的维生素和蛋白质，更重要的是，也赐予了自己一整天的好心情。

烹饪秘笈

淋入蛋液后，等到蛋花一浮起来就关火，否则鸡蛋会老。

— 主料 —

菠菜	40 克
鸡蛋	2 个

— 辅料 —

淀粉	10 克
香油	2 克
鸡精	1 克
盐	适量

1 检查菠菜有无虫眼及烂叶，然后洗干净，切成 3 厘米的段备用。

2 鸡蛋磕入碗中，顺着一个方向搅打成蛋液。

3 在汤锅中加入适量清水，开大火烧开。

4 水沸腾后，放入切好的菠菜，用勺子搅动一下。

5 将淀粉放在一个小碗里，加入适量清水，调成一碗水淀粉。

6 把水淀粉缓缓倒入锅中，并不断搅拌，转中火。

7 等到水再次沸腾后，把蛋液转着圈徐徐淋入锅中，并用勺子慢慢推动几下。

8 淋完蛋液后，看到蛋液浮起来马上关火，加入鸡精和盐调味，依个人口味加入香油就可以了。

菠菜茎叶柔软滑嫩、味美色鲜，含有丰富维生素 C、胡萝卜素、蛋白质，以及铁、钙、磷等矿物质，菠菜中所含的微量元素，能促进人体新陈代谢，增进身体健康。做这道汤，可根据季节变化，选择当令的绿色叶菜即可。

– 特色 –

这不是一道常见的汤，第一次尝试就给人带来出乎意料的感受，经过煮制的蚕豆非常软糯，还有炒得细细碎碎的蛋花，有青有黄，一派生机盎然的景象，仿佛喝下它就会迎来春天。

来点新鲜的

蚕豆鸡蛋汤

 30 分钟　 简单

— 主料 —

蚕豆米	300 克
鸡蛋	3 个

— 辅料 —

姜	5 克
香葱	2 根
鸡精	1/2 茶匙
盐	1 茶匙
油	适量

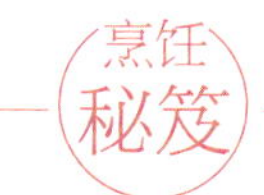

烹饪秘笈

做这道蚕豆鸡蛋汤时，最好将蚕豆的外皮逐一剥去，并将蚕豆瓣一分为二，不要觉得麻烦，这样煮出来的汤更鲜更香。

1 蚕豆米洗净，在清洗时注意将上面的黄色芽瓣去掉。

2 鸡蛋打入碗中，加少许清水，反复搅打成均匀的蛋液待用。

3 姜去皮洗净，切姜末；香葱洗净切葱粒。

4 炒锅内倒入适量油，烧至八成热，倒入蛋液，小火慢煎。

5 待蛋液完全凝固后，用锅铲将其划散成小块蛋花，盛出待用。

6 锅内再次倒入少许油，烧至七成热，爆香姜末。

7 然后倒入适量清水烧开，开锅后放入蚕豆，大火煮至蚕豆熟透。

8 最后再放入蛋花，并调入鸡精、盐调味，撒入香葱粒即可。

无人能及的鲜香
黄瓜煎蛋汤

 30 分钟　　 简单

特色

煎过的蛋再煲汤是谁的发明？不要让我找到你，如果被我发现了你就……请接受我恭恭敬敬的一拜，这简直是太好喝了！再来上点黄瓜片，这无比清香的味道根本无人能及。

主料

黄瓜	1 根
鸡蛋	2 个

辅料

香葱	2 根
盐	1 茶匙
姜末、蒜末	各 5 克
油	少许

烹饪秘笈

打鸡蛋时，往蛋液内加少许清水或者淀粉一起打，会使煎出来的蛋花更加蓬松，口感更佳。

1 黄瓜洗净，切掉头尾，然后斜切薄片待用。

2 鸡蛋打入碗中，加入少许清水反复搅打成均匀蛋液待用。

3 香葱洗净，切葱粒。

4 炒锅内倒入适量油，烧至八成热，倒入蛋液，小火煎至蛋液凝固。

5 待蛋液全部凝固后，将其划散成小块，盛出待用。

6 锅内再倒入少许油，烧至七成热，爆香姜末、蒜末。

7 然后倒入适量清水烧开，放入黄瓜片煮至再次开锅。

8 最后放入蛋花块，搅拌均匀后加盐调味，撒入香葱粒即可。

清新自来

黄瓜肉片汤

25 分钟

简单

- 特色 -

黄瓜，亦蔬亦果，夏日里咬一口，脆生生的，清香满口，切薄片入汤也同样鲜到不行，这一道黄瓜肉片汤就是如此。汤底清亮，黄瓜透着悠悠清香，肉片更是嫩滑无比，这样的一道夏日靓汤，你绝对值得拥有。

烹饪秘笈

做黄瓜肉片汤时，黄瓜皮一定要去掉，如果为了省事而忽略了这一步，口感上可就要相差甚远了。

— 主料 —

猪里脊	200 克
黄瓜	1 根

— 辅料 —

姜	2 片
蒜	2 瓣
料酒	2 茶匙
生抽	2 茶匙
鸡精	1/2 茶匙
白胡椒粉	1/3 茶匙
淀粉	适量
盐	适量
油	适量

1 猪里脊肉在清水中冲洗干净，切成 5 毫米左右的薄片，放入清水中浸泡 10 分钟。

2 黄瓜洗净后去皮，再次冲洗干净，然后切成滚刀块；姜、蒜去皮洗净切姜末、蒜末。

3 将浸泡后的肉片捞出，再冲洗一下，然后沥干多余水分，加少量淀粉抓匀。

4 锅中加入适量水烧开，倒入料酒，下肉片汆烫 1 分钟捞出。

5 取一炒锅，放油烧至五成热，放入姜末、蒜末爆香后加入适量水，开大火煮沸。

6 水沸后放入汆烫过的肉片，倒入少许生抽，再次煮沸。

7 然后将切好的黄瓜块放入，煮 2 分钟。

8 最后加入白胡椒粉、鸡精、盐调味即可出锅。

营养贴士

黄瓜含有丰富的葫芦素和维生素 E，可以抗肿瘤、抗衰老、降血糖；同时，黄瓜中所含的丙醇二酸，可抑制糖类物质转变为脂肪，也就是说，黄瓜具有减肥强体的功效。

扎根寻常百姓家

榨菜肉丝汤

25 分钟

简单

特色

天天坐着工作的人们每天的运动量都偏少，时间长了身体就会出现各种各样的问题，虽然身体不爱运动，但是肠胃必须时刻运动着，榨菜中的膳食纤维可以促进肠道的运动，不仅可以使我们的肠胃健康、身材苗条，而且还可以解毒防癌呢，既简单又健康，赶快做一碗吧！

烹饪秘笈

注意鸡蛋要打至均匀无胶状才能保证蛋花好看；原味榨菜可以尝一下，如果味道过重的，可以用水洗一下。

— 主料 —

猪里脊　100 克
原味榨菜 50 克
胡萝卜　20 克

— 辅料 —

淀粉　10 克
鸡蛋　1 个
酱油　1 汤匙
料酒　2 茶匙
鸡精　1/2 茶匙
香油　少许
盐　适量
油　适量

1 猪肉洗净后切丝，放在一个小碗中，并倒入料酒和淀粉，用手抓匀，使其上浆入味。

2 胡萝卜洗净后用刮刀刮去表皮再切成丝，或者用擦丝器直接擦成丝；鸡蛋打散备用。

3 取一炒锅，锅中放少量油，烧至四成热，即手掌放在上方能感到微微热气的时候，倒入猪肉丝，翻炒至变色。

4 向锅中加入切好的胡萝卜丝和榨菜，翻炒均匀，烹入少许酱油后继续煸炒几下。

5 然后向锅内倒入适量热水，开大火直至沸腾，用装着蛋液的碗在锅上方，一边画圈一边徐徐淋下蛋液。

6 最后关火，加入适量盐、鸡精调味，依个人口味淋入香油即可。

榨菜属于芥菜类蔬菜，此类蔬菜含有丰富的膳食纤维，可促进结肠蠕动，缩短粪便在结肠中停留时间，防止便秘，并通过稀释毒素降低致癌因子浓度，从而发挥解毒防癌的作用。

番茄，看你的

番茄肉丸汤

25 分钟

中等

特色

说到番茄汤，你脑海中第一个闪过的肯定是番茄蛋汤，不要不承认。其实，除了番茄蛋汤，今天这番茄肉丸汤也是有滋有味呢！酸酸甜甜的番茄，鲜爽有劲的肉丸，喝一碗可满足不了我。

搅打肉糜时，可以少量多次加入清水一起搅打，直至肉糜吸饱水分，这样做出来的肉丸会更加嫩滑有弹性，口感更佳。

— 主料 —

猪肉糜	350 克
番茄	1 个

— 辅料 —

香葱	2 根
生姜	5 克
料酒	1 茶匙
蚝油	1 茶匙
鸡蛋清	1 个
淀粉	2 汤匙
鸡精	1/2 茶匙
盐	2 茶匙
油	少许

1 香葱去根须，洗净，葱白、葱绿分别切粒待用；生姜去皮洗净，捣成姜蓉。

2 猪肉糜加入姜蓉、料酒、鸡蛋清、淀粉、鸡精、少许盐抓匀，然后用筷子沿一个方向搅打至上劲。

3 番茄去蒂，洗净，先一开四，然后切小滚刀块待用。

4 炒锅内倒入少许油烧热，放入葱白粒煸香，并放入番茄块稍加翻炒，然后倒入适量清水开大火煮沸。

番茄富含多种矿物质及维生素 C，有生津止渴，健胃消食，凉血平肝，清热解毒，降低血压之功效，对高血压、肾脏病人有良好的辅助治疗作用，多吃番茄具有抗衰老作用，使皮肤保持白皙。

5 将上劲的肉糜握于手中，并沿虎口处挤出，然后用勺子舀成直径约 2 厘米的肉丸，放入锅中。

6 将所有肉糜做成肉丸入锅，大火煮至肉丸全部浮起后，加入蚝油、盐调味，撒入葱绿粒即可。

特色

衣着光鲜的上班族，却常常拖着一个疲惫、疼痛的亚健康身体。其中胃病更是十分常见。所以抽时间为自己煲一锅可以健脾养胃的猪肚汤吧，这对于食欲不好、肠胃不适有很好的缓解改善效果呢。

重口还需重口配

酸菜猪肚汤

烹饪时间 35 分钟　　难易程度 简单

主料

猪肚	1/2 只
酸菜	400 克

辅料

生姜	5 克
大蒜	3 瓣
香葱	2 根
干辣椒	3 个
泡椒	10 克
白酒	1 汤匙
白胡椒粉	1/2 茶匙
盐	少许
油	适量

1 猪肚洗净，放入高压锅中，加入白酒，大火煮 10 分钟至猪肚熟透。

2 煮好的猪肚捞出过凉水再次冲洗，切成小拇指粗细、5 厘米左右长的条待用。

3 生姜、大蒜去皮洗净，分别切姜丝、蒜片；香葱洗净切葱粒。

4 干辣椒、泡椒切碎段；酸菜洗净，切细丝待用。

5 炒锅内倒入适量油，烧至七成热，放入姜丝、蒜片、干辣椒爆香。

6 然后放入酸菜丝、泡椒碎，大火快炒片刻，接着倒入开水，煮至开锅。

7 再放入猪肚丝搅拌均匀，继续煮 5 分钟左右。

8 最后放入少许盐、白胡椒粉调味，撒入香葱粒即可。

烹饪秘笈

猪肚不易洗净，在清洗时要将其翻面，并用淀粉两面反复搓洗，再用白醋清洗，能够很好地去除油脂，最后再用清水冲洗干净即可。

补血养气好帮手

猪红汤

 烹饪时间 25 分钟

 难易程度 简单

— 主料 —

猪血　300 克

— 辅料 —

姜片　5 克

大蒜　2 瓣

香葱　3 根

酱油　2 茶匙

盐　适量

味精　1/2 茶匙

油　适量

烹饪秘笈

可以根据个人口味调节猪血块煮制时间，喜欢吃嫩一点的再次开锅后就可以了；喜欢口感老一点儿的，开锅后再煮两三分钟也行了；不宜煮得太久。

— 特色 —

温和的猪血，是美食界一个神奇的存在，都说吃什么补什么，这话一点也不假，常吃猪血不仅补血美容，更有解毒清肠的功效，而且味道口感都很好，细嫩的猪血块，咬一口还带着一丁点的韧性，一旦开吃就再也停不下来了。

1 猪血轻轻冲洗干净，切成大小适中的长条块。

2 姜片、大蒜去皮洗净，切成姜末、蒜末。

3 香葱剪去根须，冲洗干净，切成 4 厘米的长段。

4 取一炒锅，把锅烧热后放油，待油烧至六成热，下入姜末、蒜末煸炒出香味。

5 煸出香味后，向锅内加入适量清水，开大火煮沸。

6 水沸后放入猪血块，大火再次煮沸。

7 煮沸后再放入少许酱油，搅拌至汤色均匀，再放入香葱段。

8 最后加盐、味精调味后即可出锅。

嚼劲十足

生菜牛丸汤

25 分钟

简单

– 特色 –

说起牛丸，它那弹牙的口感是不是引得你的唾液腺一阵分泌，嚼劲十足的牛丸搭配鲜嫩的生菜，只需放少许香葱提味儿，端起碗的那一刻感觉自己就是人生赢家。

烹饪秘笈

牛肉丸直接在超市或者熟食店买现成的即可，如果有好手艺，自己在家做那是更好的。

— 主料 —

牛肉丸	400 克
生菜	1 棵

— 辅料 —

姜	5 克
大蒜	2 瓣
香葱	2 根
蚝油	2 茶匙
盐	2 茶匙
油	少许

1 牛肉丸过水洗净，沥去多余水分待用。

2 姜、大蒜去皮洗净，切姜末、蒜末待用。

3 香葱洗净，切葱粒；生菜择洗干净待用。

4 炒锅内倒入适量油，烧至七成热，爆香姜末、蒜末。

5 然后倒入适量清水，大火烧至开锅。

6 接着放入洗净的牛肉丸，继续大火煮至牛肉丸全部浮起。

营养贴士

牛肉提供高质量的蛋白质，其氨基酸组成比猪肉更接近人体需要。牛肉的脂肪含量很低，但它却是亚油酸的良好来源，同时富含肌氨酸、丙氨酸等，能够供给肌肉所需的能量，促进肌肉生长，增强力量，是健美人士的极佳选择。

7 再放入择洗干净的生菜叶，煮约 1 分钟。

8 最后加入蚝油、盐调味，撒入香葱粒即可。

特色

羊肉性情温厚，冬瓜个性清冷，配在一起简直就是天造地设。冬瓜和羊肉互补的性格，让这道汤舒心、暖胃又适口。

纯粹而美妙

冬瓜羊肉汤

烹饪时间 20 分钟

难易程度 中等

烹饪秘笈

羊腿肉可以用吃火锅的羊肉片替代，羊肉片要选瘦的，太肥的羊肉腥膻味重，且汤会非常油腻。如果选择自己买肉自己切，要注意尽量切得薄一切，冷冻到硬比较好切。

主料

羊肉片	100 克
冬瓜	200 克

辅料

枸杞子	10 克
葱	3 克
姜	3 克
香菜	1 棵
料酒	1 茶匙
盐	适量
油	适量
白胡椒粉	1 茶匙
香油	少许

1 大葱斜切细丝，姜去皮切细丝。

2 香菜择去老叶、剪去根，洗净后切末。

3 冬瓜削去皮，去掉瓤，洗净后切片。

4 炒锅中放少许油，开中火，下冬瓜片翻炒 30 秒后关火。然后将冬瓜倒入汤锅中，加入足量水。

5 放入葱丝、姜丝、枸杞子，大火煮开。加枸杞子不仅是为了好看，更有滋补明目的功效。

6 羊肉片和料酒一起下锅，用筷子搅散。

7 羊肉片变色后撇去浮沫，关火。

8 调入适量盐，加香油、香菜末、胡椒粉，搅拌均匀即可。

你有诗和远方，
我有……

鸭血汤

30 分钟

简单

— 特色 —

乳白香浓的老鸭汤头，嫩滑爽口的鸭血，爽脆可口的鸭肠，饱满绵密鸭肝，搭配酸辣爽口的酸豆角以及下饭小能手榨菜，简直想抱着碗喝一整个冬天，任你拿什么都不跟你换。

— 主料 —

鸭血	60 克
鸭肠	10 克
鸭胗	10 克
鸭肝	10 克

— 辅料 —

酸豆角	5 克
榨菜	3 克
鸡精	1 克
盐	适量

1 将鸭血、鸭肠、鸭胗、鸭肝充分洗干净，注意洗净油污。

2 然后按照成熟的难易程度，切成适宜的大小，使成熟时间大致一致。

3 酸豆角、榨菜在清水中稍微冲洗一下。

4 取一个汤锅，加入适量清水，把鸭血等主料放入清水中，开大火煮沸，并撇去少许浮沫。

5 水沸后继续用大火滚煮 10 分钟，然后转小火，加入酸豆角和榨菜，用勺子轻推几下。

6 然后放入鸡精，用小勺盛一点汤尝一下味道，依汤的咸淡程度酌量放盐，关火即可。

烹饪秘笈

冲洗酸豆角和榨菜的原因，一是洗去杂质和异味，以免影响汤的口味；二是冲去部分盐分，使汤不会太咸。

海的气息迎面扑来

紫菜蛋花汤

10 分钟

中等

– 特色 –

小时候不喜欢吃紫菜的时候，就记得妈妈说不吃紫菜脖子粗，后来才知道，原来脖子粗就是“甲状腺肿大”，而缺碘就会导致甲状腺肿大。紫菜里面含有丰富的“碘”，而且碘元素还可以预防贫血，促进骨骼和牙齿的生长，这么健康营养又简单的汤再学不会可要被人笑话了呦！

烹饪秘笈

这道汤还可以放入一些虾皮增香提味。

— 主料 —

干紫菜	15 克

— 辅料 —

鸡蛋	1 个
香葱	10 克
盐	1/2 茶匙
鸡精	2 克
香油	少许

1 鸡蛋在碗中打散备用，香葱切掉根须后洗净并切粒。

2 锅中加入清水煮沸，将紫菜掰开，下入锅中，紫菜会迅速变软涨发。

营养贴士

紫菜营养丰富，含碘量很高，可用于治疗因缺碘引起的“甲状腺肿大”，紫菜还富含胆碱和钙、铁等矿物质，能增强记忆，治疗妇幼贫血，促进骨骼、牙齿的生长，可谓是“老少皆宜”。

3 用装着蛋液的碗在汤锅上方，一边画圈一边徐徐淋下蛋液，然后关火。

4 最后调入盐、鸡精，淋上少许香油，依个人口味撒入香葱粒就可以了。

海的味道我知道

西葫芦海鲜汤

烹饪时间 30分钟

难易程度 简单

特色

本着让食物从哪里活着就从哪里死去的原则，用海鲜煲一锅汤也算是对蛤蜊和大虾的尊敬了，再添加一个西葫芦，鲜香的味道夹杂着一些绿色蔬菜的气息，不禁让人想起了那棵在海边晒着阳光的椰子树，清新又舒服，不说了，我要拿着勺子去喝汤了。

蛤蜊要提前放入淡盐水浸泡，使其吐尽泥沙；煮至开壳后的蛤蜊，也可以过凉水冲洗，去除残留的泥沙，这样煮出来的汤口感更佳。

— 主料 —

蛤蜊	350 克
大虾	3 只
西葫芦	1 个

— 辅料 —

姜	5 克
香葱	2 根
香油	1 茶匙
盐	2 茶匙
油	少许

1 蛤蜊洗净，放入开水锅中汆烫至全部开壳后捞出待用。

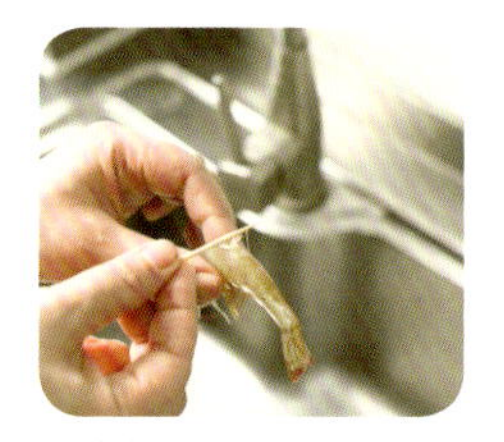

2 大虾洗净，背部开刀，挑去虾线待用。

3 西葫芦去皮洗净，对半切开后切薄片待用。

4 姜去皮洗净，切姜丝；香葱洗净，切葱粒。

5 炒锅内倒入少许油，放入姜丝爆至出香。

6 然后放入切好的西葫芦片，中大火炒至西葫芦微微变软。

7 然后倒入适量清水烧开，再放入蛤蜊和大虾，煮至大虾变色。

8 最后调入香油、盐调味；撒入香葱粒即可。

营养贴士

西葫芦富含水分，有润泽肌肤的作用；西葫芦还能调节人体代谢，具有减肥、抗癌防癌的功效；西葫芦中含有一种干扰素的诱生剂，可刺激机体产生干扰素，提高免疫力，发挥抗病毒和肿瘤的作用。

来个大碗的
萝卜干贝汤

30 分钟

简单

- 特色 -

喝汤是养生的一大法宝，但并不是每个人都能像广东人那样有耐心，为了一锅汤熬上好几个小时。那我们就来点儿方便快捷又养生的吧，干贝、萝卜都是好物，而且长期食用干贝还可以降血压、降胆固醇，这个汤既美味又营养，赶快学起来吧！

烹饪秘笈

萝卜不要煮得太过软烂，看见萝卜全部变成透明时即表示已经熟透，此时就不宜再煮了。

— 主料 —

白萝卜	350 克
干贝	80 克

— 辅料 —

香葱	2 根
香菜	2 根
鸡精	1/2 茶匙
盐	2 茶匙
油	少许

1 干贝提前用清水浸泡 1 小时左右，然后洗净。

2 白萝卜用刮刀刮去表皮，清洗干净，然后切成粗条。

3 香葱切去根须再洗净，把葱白、葱绿分别切粒；香菜切掉根须部分，洗净，切香菜碎。

4 取一炒锅，锅中倒入少许油烧热，放入葱白煸香，然后放入萝卜条煸炒 2 分钟。

5 接着倒入适量开水，大火再次煮沸后放入干贝，继续煮，直至白萝卜熟透。

6 最后加入鸡精、盐调味，依个人口味撒入葱绿、香菜碎即可关火。

营养贴士

干贝富含蛋白质、碳水化合物、钙、铁等多种营养成分，味道极鲜。长期食用有助于降血压、降胆固醇、补益健身。

鲜美的补钙能手

萝卜虾皮汤

烹饪时间 20分钟

难易程度 简单

特色

对于这萝卜虾皮汤，真是没什么好议论的了，又补钙又好喝，只是友情提醒一句，可别太心急，小心烫嘴，吹两口再喝也不妨事。虾皮是补钙小能手，极适合老人和小孩食用。

烹饪秘笈

白萝卜丝切好后可放入开水中稍为氽烫一下，然后捞出沥水后进行炒制，这样可以去掉萝卜的辛辣味。

— 主料 —

白萝卜	1/2 根
虾皮	30 克

— 辅料 —

姜	5 克
香葱	2 根
蚝油	2 茶匙
盐	2 茶匙
油	少许

1 白萝卜去皮洗净，先切薄片，然后切细丝待用，也可以直接用礤丝器礤成细丝。

2 虾皮过水；姜刮去表皮然后洗净，切成姜末；香葱去除根须后洗净，切成葱粒。

3 取一炒锅，锅内倒入适量油，烧至七成热，放入姜末爆香。

4 放入切好的萝卜丝，中火翻炒 2 分钟。

5 接着加入适量清水，开大火煮沸。

6 水沸后，放入洗净的虾皮，搅拌均匀后继续煮约 1 分钟。

7 再加入蚝油、盐调味，并且搅拌均匀。

8 最后，依个人口味撒入切好的香葱粒即可关火。

营养贴士

虾皮中含有丰富的钙质，有“钙库”之称，是缺钙者补钙的极佳途径。虾皮中还富含镁元素，镁对心脏活动具有调节作用，能很好地保护心血管系统，减少血液中的胆固醇含量，对预防动脉硬化、高血压及心肌梗死有一定食疗作用。

不长肉的美味

丝瓜花蛤汤

烹饪时间 20 分钟

难易程度 简单

- 特色 -

这又是一个奇妙且美好的组合，丝瓜和花蛤都是鲜极了的食材，这一份丝瓜花蛤汤，汤清料鲜，丝瓜软绵鲜甜，花蛤鲜嫩弹牙，不仅好吃，而且营养，最重要的是热量很低，很适合爱美怕胖的女孩子。

烹饪秘笈

丝瓜切好后要记得放入清水中浸泡待用，以防止氧化变黑。

— 主料 —

丝瓜	1 根
蛤蜊	350 克

— 辅料 —

生姜	5 克
香葱	2 根
蚝油	2 茶匙
盐	2 茶匙
油	少许

1 丝瓜用刮刀刮去表皮，切去头尾，然后切滚刀块。

2 蛤蜊在清水中泡半天，期间换两次水，可使其吐尽泥沙，然后捞出洗净，放入开水锅中汆烫至开壳后捞出待用。

3 生姜去皮洗净，切姜末；香葱切去根须后洗净，切葱粒。

营养贴士

花蛤肉味鲜美、营养丰富，蛋白质含量高，氨基酸的种类组成及配比合理；脂肪含量低，不饱和脂肪酸较高，易被人体消化吸收，还有多种维生素及钙、镁、铁、锌等矿物质，具有滋阴利水、化痰、软坚、开胃、解酒等功效。

4 取一炒锅，锅内倒入少许油，烧至七成热，将姜末炒香。

5 接着放入切好的丝瓜，大火快速翻炒 1 分钟。

6 然后倒入适量清水，大火煮沸后放入汆过水的蛤蜊。

7 再加入蚝油、盐调味，并搅拌均匀。

8 最后在出锅前，撒入切好的香葱粒即可。

颇受追捧的排毒瘦身方

蛤蜊冬瓜汤

25 分钟

简单

— 特色 —

蛤蜊、冬瓜都是鲜字派的代表，蛤蜊肉有弹性，鲜中带嫩；冬瓜水嫩有营养，鲜美水润。秋日天干物燥之时，来一碗蛤蜊冬瓜汤，不仅去火利尿，还能排毒消水肿，这样营养又美味的汤喝起来多爽啊。

蛤蜊一定要早早放入清水中让其吐尽泥沙；清洗时可以用小刷子刷洗外壳，更易洗净。

— 主料 —

蛤蜊	200 克
冬瓜	300 克

— 辅料 —

姜	5 克
香葱	10 克
料酒	1 茶匙
盐	2 茶匙
油	少许

1 蛤蜊买回来后放入清水中半天，让它吐沙，期间可以换一两次水，然后捞出洗净表面，浸泡时间不宜过长，否则蛤蜊会死。

2 冬瓜洗净后，用刀切去硬皮，挖去瓜瓤后清洗干净，切厚约 5 毫米的片。

3 姜去皮洗净切细丝；香葱洗净，切葱粒待用。

4 取一炒锅，锅中倒入少许油烧至五成热，放入姜丝、香葱粒煸炒出香味。

5 然后加入适量清水，开大火煮沸。

6 水沸后放入切好的冬瓜片，大火继续煮 5 分钟。

7 再放入蛤蜊，煮至蛤蜊开口，然后关火。

8 最后加入少量料酒、盐调味即可出锅。

营养贴士

蛤蜊的营养价值很高，富含蛋白质、维生素 A、碘、钙、磷等营养元素，具有滋阴润燥、利尿消肿、软坚散结的作用。蛤蜊里的牛磺酸，可以帮助胆汁合成，有助于胆固醇代谢；蛤蜊中脂肪含量很低，是减肥人士的理想食材。

要速度也要味道

虾皮冬瓜汤

15 分钟

简单

- 特色 -

不要小看 15 分钟做的汤，短短的 15 分钟，你都想象不到会带给自己怎样的美味，咸鲜的虾皮，软烂的冬瓜，点缀着星星葱花，还有香油的味道，真是快手汤界的实力选手。

烹饪秘笈 在炒姜丝和虾皮时，要注意千万不能炒煳，不然会影响整道汤清香的口感。

— 主料 —

冬瓜	200 克
虾皮	20 克

— 辅料 —

香葱	10 克
姜	3 克
鸡精	3 克
香油	2 克
植物油	3 克
盐	适量

1 冬瓜洗净，刮去瓜皮，挖掉瓜瓤后，切约 3 毫米厚的片。

2 虾皮用水冲洗一下，然后控干水分备用。

3 小葱和姜冲洗干净，小葱切碎，姜去皮切丝。

4 取一个炒锅，锅烧热后加入植物油，待油温七成热时放入姜丝，翻炒几下后。

5 待姜丝炒香后，放入虾皮，将虾皮炒至金黄色。

6 然后放入冬瓜片，翻炒几下后加入适量清水，加盖大火熬煮。

7 待冬瓜软烂后，关火并放入鸡精、香油和盐调味。

8 出锅前，撒入少许香葱碎就可以了。

冬瓜富含维生素C，且钾盐含量高，钠盐含量较低，可达到消肿而不伤正气的作用；冬瓜中所含的丙醇二酸，能有效地抑制糖类转化为脂肪，加之冬瓜本身不含脂肪，热量不高，是很好的减肥食品，有助于体形健美；冬瓜性寒味甘，清热生津，消暑除烦，在夏日食用尤为适宜。

解渴又顶饿

油条丝瓜汤

— 特色 —

这是一道可以吃饱的汤，也是一道可以喝足的饭，总之就是一道让人吃饱喝足、心满意足的菜。隔天的油条有点发硬，没关系，可以用来煲汤，随便搭配一点什么蔬菜就可以给你的一天充满电！

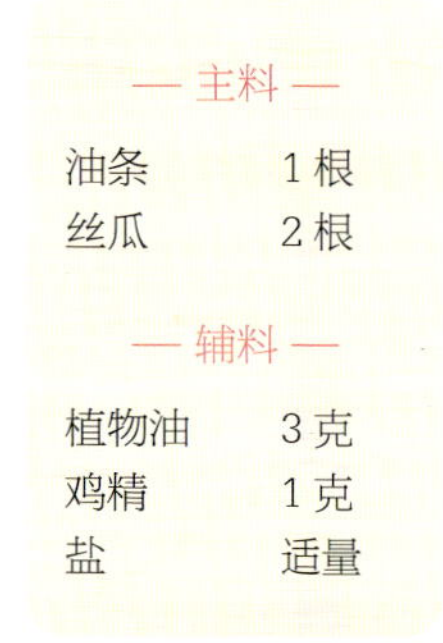

— 主料 —

油条	1 根
丝瓜	2 根

— 辅料 —

植物油	3 克
鸡精	1 克
盐	适量

1 将丝瓜洗净后去皮，再次冲洗后切成滚刀块。

2 用手把油条撕成段，放在一旁备用。

3 取一个炒锅，把锅烧热，然后倒入少许植物油，烧至七成热。

4 把丝瓜放入锅中，不断翻炒约 1 分钟至断生。

5 向锅中加入适量水，开大火煮沸，直到丝瓜软烂。

6 转小火，把油条放入锅内，然后放入鸡精和盐调味就可以关火出锅了。

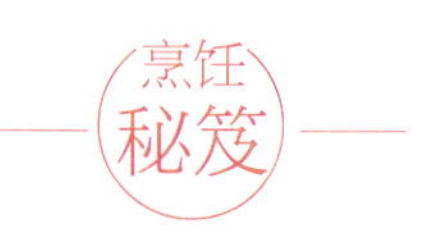

油条本来就是熟的，而且长时间浸泡容易碎，所以要最后放，以免煮太久影响口感。

丰富食材排成排

白菜三丝豆腐汤

 25 分钟　　 简单

— 特色 —

看名字就知道这是一道食材极为丰富的汤品，白菜、香菇、胡萝卜、豆腐，都是随手就可以买到的食材，不要小看简单食材里的大能量，这道菜可以提供满足我们一上午的维生素和蛋白质，简单美味又营养，所以现在为你爱的人赶快做一碗吧。

— 主料 —

娃娃菜	1 棵
鲜香菇	3 朵
胡萝卜	1/2 根
豆腐	350 克

— 辅料 —

生姜	5 克
大蒜	2 瓣
香葱	2 根
白胡椒粉	1/2 茶匙
鸡精	1/2 茶匙
盐	1 茶匙
油	适量

1 将娃娃菜冲洗洗净，注意检查是否有虫眼，然后对半切开，再切细丝。

2 鲜香菇洗净，切成细丝；胡萝卜去皮洗净，切成丝。

3 豆腐在流水下冲洗干净，然后切成约 3 厘米的长条。

4 生姜、大蒜去皮洗净，切姜末、蒜末；香葱去根洗净，切葱粒。

5 取一炒锅，锅内倒入适量油，烧至七成热，爆香姜末、蒜末。

6 接着放入切好的白菜丝、香菇丝、胡萝卜丝，快速翻炒几下。

7 然后倒入适量清水，开大火，煮至沸腾后放入豆腐条，大火继续煮 5 分钟。

8 最后加入白胡椒粉、鸡精、盐调味，依个人口味撒入香葱粒即可。

清洗香菇前，可提前将香菇放入淡盐水中浸泡片刻，再用清水洗净，能够起到很好的杀菌作用。

大山的礼物
冬菇汤

20 分钟

简单

– 特色 –

菌类是大自然无私的馈赠。长在大山里的冬菇历经一到三年才长成，再经过干制，里面的酵素产生化学反应才有了冬菇特殊的香气，等食用时用水再次泡发，不但有了鲜冬菇的口感，也有干冬菇的香气，煲一碗冬菇汤，口感爽滑，味道清香，在这浊世间显得难能可贵。

这样做出的冬菇汤比较清淡，也可以加入一些猪肉丝，那样会更香。

— 主料 —

干冬菇　　8 朵

— 辅料 —

姜　　3 克
植物油　　3 克
盐　　适量

1 将干冬菇去蒂，用冷水洗净泥沙，提前一夜浸发。

2 冬菇浸发后，把它捞出，攥干水分后切成长条。

营养贴士

冬菇含有丰富的蛋白质和多种人体必需的微量元素，美味可口，香气横溢，烹、煮、炸、炒皆宜，荤素佐配均能成为佳肴，冬菇还是防治感冒、降低胆固醇、防治肝硬化和具有抗癌作用的保健食材。

3 姜洗净后用刮刀刮去老皮，再次冲洗后切成姜丝。

4 取一个炒锅，锅烧热，倒入植物油，待油温七成热时，下入姜丝，翻炒几下。

5 然后把切好的冬菇丝放入锅中，煸炒均匀。

6 向锅内倒入适量水，开大火滚煮10分钟后关火加盐调味就可以了。

黑白配，让人醉

香菇山药汤

烹饪时间 20 分钟

难易程度 简单

－特色－

黑黑软软的香菇和白白脆脆的山药一搭配，创造了美食界的新宠，这道味道清淡的快手汤说不出有什么奇特的地方，可就是让人一碗接一碗不想停下。

烹饪秘笈

山药切片后要放入清水中浸泡待用，以防止氧化变黑；煮山药的时间可根据个人喜好进行调节，喜欢软的煮久一点，喜欢脆的就相应缩短时间。

— 主料 —

鲜香菇	10 朵
山药	350 克

— 辅料 —

香葱	3 根
香菜	10 克
盐	1 茶匙
油	少许

1 鲜香菇仔细清洗干净，对切两半待用。

2 山药去皮洗净，切厚约5毫米的菱形薄片。

3 香葱洗净，葱白、葱绿分别切粒状；香菜洗净，切碎段。

4 炒锅内倒入少许油，烧至七成热，放入葱白爆香。

5 接着往锅内倒入适量清水，大火煮沸。

6 然后放入切好的山药，继续用大火煮至山药七成熟。

7 再放入切好的香菇，搅拌均匀后继续煮三四分钟。

8 最后加入盐调味，出锅前撒入香菜碎段和葱绿即可。

营养贴士

香菇具有高蛋白、低脂肪、多糖、多种氨基酸和多种维生素的营养特点，多食香菇可以提高机体免疫功能、延缓衰老、防癌抗癌、降血压血脂胆固醇。

06
第六章
能下饭的
汤菜

无法招架的鲜香

清炖鳕鱼

20 分钟

简单

- 特色 -

鳕鱼的鲜香是无法复制的，即便是清炖这种极考验食材新鲜度的烹饪方式，对鳕鱼来说也毫无压力。就是这简单的烹饪方式，才更加凸显了鳕鱼的鲜，而且鳕鱼对心脑血管有很好的保护作用，这么会照顾人的汤，你还招架得住吗？

鳕鱼的腥味比一般鱼重，在煎制之前可以加白胡椒粉、鲜柠檬汁腌制10分钟左右，然后过水清洗一下，能够很好地去腥。

— 主料 —

鳕鱼	1条

— 辅料 —

姜	10克
蒜	2瓣
香葱	2根
花椒	5克
干辣椒	5个
料酒	1汤匙
生抽	2茶匙
白醋	1汤匙
盐	1/2茶匙
油	少许

1 鳕鱼自然解冻后清洗干净，并切成约3厘米的段。

2 姜去皮洗净并切成丝，蒜剥皮后洗净切成粒。

3 香葱切去根须后洗净，切5厘米左右长段；干辣椒洗净切1厘米左右的段；花椒冲洗后待用。

4 取一炒锅，锅内倒入少许油，烧至七成热，放入鳕鱼段小火慢煎至两面金黄后盛出。

5 再向锅内倒少许油，烧至五成热，放入姜丝、蒜粒、干辣椒段、花椒煸至出香味。

6 然后放入煎好的鳕鱼段，并倒入适量开水，大火煮沸后转小火炖煮10分钟。

7 10分钟后加入料酒、生抽、白醋、盐调味，小火再煮3分钟。

8 最后放入切好的葱段搅拌均匀，关火即可。

营养贴士

鳕鱼含丰富的蛋白质、维生素A、维生素D、钙、镁、硒等营养元素，其中镁元素对心脑血管系统有很好的保护作用，有利于预防高血压、心肌梗死等心血管疾病。

合作竟能如此愉快
冬瓜肉丸汤

烹饪时间 20分钟

难易程度 中等

- 特色 -

一说起冬瓜，可能大家都会联想到夏天吧，本来应该炎热难熬的夏天有了冬瓜的存在而变得凉爽起来，冬瓜的清热降燥早已是家喻户晓的事了，搭配上没人能拒绝的肉丸，天哪，这个夏天就让我喝着冬瓜肉丸汤度过吧！

烹饪秘笈

淀粉不宜多放，会影响口感；肉馅中已经有了盐，汤中放盐要谨慎。

— 主料 —

冬瓜　　250 克
猪肉末　150 克

— 辅料 —

高汤　　600 毫升
生抽　　1/2 茶匙
料酒　　1 茶匙
淀粉　　1 茶匙
鸡蛋清　适量
白胡椒粉　少许
葱末、姜末各适量
香菜碎　适量
香油、盐各少许
鸡精　　少许

1 把剁好的猪肉末放进小碗里，加生抽、姜末、盐、料酒、淀粉、蛋清顺一个方向搅打均匀。

2 冬瓜洗净去皮，切成 3 毫米厚的小薄片备用。

3 锅内加高汤（没有高汤，用清水也可），大火煮沸后，放入切好的冬瓜片煮沸。

4 冬瓜煮沸后，转小火，用汤匙将调好的猪肉馅舀起或用手搓成丸子逐个下锅。

5 待所有的丸子下锅定型后，改大火煮沸 2 分钟，用汤勺小心撇净汤表面浮沫，关火。

6 汤里调入盐、鸡精和白胡椒粉，并搅拌均匀，盛入汤盆后淋少许香油，依个人口味撒上葱末、香菜末即可。

营养贴士

冬瓜含维生素 C 较多，高血压、肾脏病、浮肿病等患者食之，可达到消肿而不伤正气的作用；而且冬瓜本身不含脂肪，热量不高，是减肥人士的极佳选择，有助于体形健美。

– 特色 –

小小的口蘑可一点都不便宜，因为它供不应求。它不仅鲜美，而且营养价值很高。口蘑是补硒佳品，具有很好的抗病毒作用，配着猪里脊，两者的鲜味混搭，使这道汤的口感和营养都达到了极致。

山野里的小精灵
蘑菇肉片汤

 20 分钟　　 简单

— 主料 —

口蘑	200 克
猪里脊	300 克

— 辅料 —

姜	5 克
蒜	2 瓣
香葱	2 根
红尖椒	2 个
鸡蛋清	1/2 个
淀粉	2 茶匙
料酒	1 茶匙
蚝油	1 汤匙
盐	2 茶匙
油	适量

1 口蘑提前用淡盐水浸泡半小时，然后洗净切薄片。

2 猪里脊洗净后切薄片，加鸡蛋清、淀粉、料酒、少许盐拌匀腌制。

3 姜、蒜去皮洗净，切碎末；香葱去根须洗净，切 1 厘米长段。

4 红尖椒从头到尾一开为二，去蒂去子，洗净后斜切小碎段，注意切完后手别碰到眼睛。

5 炒锅内倒入适量油，烧至七成热，加入姜末、蒜末、红椒碎段爆出香味。

6 然后倒入适量清水大火煮沸，再放入腌制好的肉片并用筷子拨散。

7 待再次煮沸后放入切好的口蘑片，大火煮 3 分钟左右。

8 最后加入蚝油、盐调味，撒上香葱段即可关火出锅。

烹饪秘笈

口蘑个头小小不易洗净，可先用淡盐水浸泡，然后在流水下反复冲洗。

豪爽东北味儿

猪肉酸菜炖粉条

 30 分钟　　 中等

— 特色 —

在北魏的《齐民要术》中就有关于“酸菜”的记载，能流传这么久一定有它的道理，那就是——好吃！酸菜不仅好吃，而且还富含氨基酸、有机酸、膳食纤维，不含防腐剂和色素，是一种天然的健康食品，加上猪肉和粉条，堪称绝配，还不甩开腮帮大口吃！

— 主料 —

猪五花肉	200 克
酸菜	150 克
东北拉皮	75 克

— 辅料 —

蒜末	5 克
姜末	5 克
葱花	3 克
老抽	1 茶匙
料酒	1 茶匙
盐	适量
油	适量

1 东北拉皮用热水浸泡 8 分钟左右，泡软后冷水冲洗并用水撕开，以防黏在一起。

2 酸菜在清水中冲洗一遍，然后切细丝备用。

3 猪五花肉洗净，切边长 2 厘米左右的方块。

4 将切好的五花肉放在小碗里，加老抽、料酒腌制片刻。

5 取一炒锅，锅内倒油，待油温烧至五成热，加蒜末、姜末爆香，下五花肉煸炒。

6 下酸菜丝入锅中同五花肉一块翻炒至酸菜香味溢出，然后倒入适量清水，大火炖煮至肉熟烂。

7 汤烧开后下泡好的拉皮入锅中，再次炖至开锅。

8 最后，加适量盐调味，撒上葱花即可。

东北拉皮很容易糊掉，所以泡的时候不宜用太热的水，时间也不宜过长；泡软后为了防止黏在一块，要用冷水冲洗并用手抓开。

好物一锅端

炖大锅菜

烹饪时间 35 分钟

难易程度 中等

特色

冬天一家人围坐在大桌前，来一碗简单省事儿的炖大锅菜，只要是你中意的，你都可以随意下，就是这么任性！大锅菜融合了十几种材料的营养与美味，这样的一锅乱炖，几乎补充了我们身体所需的所有营养。

烹饪秘笈

买排骨时可以让卖家帮忙斩成适当的长段，回家洗净就好，省时又省力；洗净的排骨要先行冷水入锅焯水，然后冲去浮沫后再放入电压力锅内炖煮。

— 主料 —

排骨	300 克
冬瓜	200 克
鲜香菇	5 朵
土豆粉条	100 克

— 辅料 —

姜丝	5 克
蒜片	5 克
葱花	5 克
料酒	1 汤匙
生抽	1/2 汤匙
花椒	1 小把
桂皮	1 个
八角	2 个
鸡精	1/2 茶匙
盐	1 茶匙
油	适量

1 排骨洗净，放入电压力锅中，加入清水，放入花椒、桂皮、八角，倒入料酒，压 20 分钟。

2 期间将冬瓜切掉老皮，挖去瓜瓤，洗净后切小块；鲜香菇洗净，十字刀切四份待用。

3 取一炒锅，锅内倒入适量油，烧至七成热，放入姜丝、蒜片爆至出香味。

4 然后放入冬瓜块翻炒均匀，接着放入炖煮好的排骨段，翻炒均匀，并倒入排骨汤。

5 煮至开锅后放入切好的香菇块和土豆粉条，中大火煮至土豆粉条熟透。

6 最后调入鸡精、盐、生抽，搅拌均匀调味，出锅前撒入葱花即可。

营养贴士

这道炖大锅菜，食材丰富多样，冬瓜营养价值更是丰富，不含脂肪、含钠量和热量都很低，有助于利湿去水，消除水肿。

大东北特色

东北乱炖

烹饪时间 60 分钟

难易程度 简单

特色

东北美食最大的特色就是大气，这一锅东北乱炖就是，像极了东北人豪爽的性格，融合着十几种原材料的营养美味，在冬天温暖着所有北方人的身和心，走哪儿都惹人爱，寒冬腊月来上一碗，甭提多爽了。

烹饪秘笈

里面的蔬菜可根据个人喜好添加，比如茄子、番茄等，只要你喜欢就行；排骨要买斩好段的，回家操作起来省时又省力。

— 主料 —

排骨	350 克
土豆	2 个
四季豆	150 克
玉米	1 根

— 辅料 —

姜丝	5 克
蒜片	5 克
葱花	5 克
豆瓣酱	1 汤匙
八角	3 颗
花椒	5 克
盐	适量
油	适量

1 排骨洗净，冷水下锅，开大火煮沸，期间不断撇去浮沫，直到不再产生，然后捞出备用。

2 土豆去皮洗净，切滚刀块；玉米洗净，切 2 厘米左右的段；四季豆择去老筋，切成 4 厘米长的段。

3 炒锅内倒入适量油，烧至七成热，爆香姜丝、蒜片、八角、花椒；并放入豆瓣酱炒出红油。

4 然后放入排骨、土豆翻炒均匀；接着倒入没过食材 2 厘米高的清水，大火煮开后转小火煮半小时。

5 半小时后放入玉米和四季豆，搅拌均匀后继续煮约 20 分钟。

6 最后根据个人口味加入适量盐调味；撒入葱花即可。

营养贴士

四季豆性甘，含有可溶性膳食纤维，可降低胆固醇，同时还含有微量的钾、镁等矿物质，有益于心脏，并可强壮骨骼。

秋冬日常必备

五花肉炖冻豆腐

40分钟

简单

-特色-

喜欢吃冻豆腐的人大抵包容心是极强的，就好像冻豆腐一样。冻豆腐虽然经过冷冻，但是营养价值却没有衰减，同时有了更多的气孔来吸收汤汁，肉味和豆香融为一体，叫人欲罢不能，快在冬天为自己和家人炖上一锅吧。

烹饪秘笈

冻豆腐解冻后挤去多余水分，能够让其在炖煮过程中吸收更多的汤汁，口感更佳；但是挤水的时候一定要小心，不要将冻豆腐弄碎。

— 主料 —

猪五花肉	300 克
冻豆腐	150 克

— 辅料 —

姜	5 克
蒜	2 瓣
香葱	2 根
料酒	2 茶匙
生抽	1 汤匙
蚝油	1 汤匙
鸡精	1 茶匙
盐	适量
油	适量

1 猪五花肉洗净，切小块；冻豆腐解冻，稍微挤去多余水分，切小块待用。

2 切好的五花肉放在小碗里，加料酒、生抽抓匀，并腌制20分钟。

3 姜、蒜去皮洗净，切姜末、蒜末；香葱去根须，洗净，切葱粒待用。

4 炒锅烧热，倒入少许油烧至五成热，下切好的五花肉，小火煸炒至五花肉出油，表面金黄。

5 将五花肉推至一边，下姜末、蒜末煸至出香；然后同五花肉一起翻炒均匀。

6 加蚝油入锅中翻炒均匀，然后倒入适量水，开大火煮沸。

7 煮沸后加冻豆腐，大火煮至再次开锅，转中火炖煮 10 分钟左右。

8 最后加盐、鸡精调味，撒上香葱粒即可。

营养贴士

猪肉含有丰富的优质蛋白质和必需脂肪酸，并提供血红素铁（有机铁）和促进铁吸收的半胱氨酸，能改善缺铁性贫血。

特色

咖喱真是个好东西，烹饪起来极其简便，但味道却不简单哦。咖喱是融合几十种材料在内的调味料，其中含有辣味的调料可以促进唾液和胃液的分泌，增加胃肠蠕动，增进食欲。此外，咖喱还可以促进血液循环，难怪每次吃完咖喱炖牛肉我都热血沸腾，真想当面对发明咖喱的人说一声谢谢。

情深味更浓
咖喱炖牛肉

主料

牛腱	500 克
咖喱	80 克
土豆	1 个
胡萝卜	1 根

辅料

洋葱	1/2 个
蒜	5 瓣
盐	1/3 茶匙
油	适量

咖喱的用量可根据个人喜好酌情增减。另外，咖喱会越煮越稠，要注意搅动、控制火候，谨防粘锅。

1 牛腱洗净，切 2 厘米见方的方块，在水中泡 20 分钟后捞出，冷水下锅，煮开，焯去血水。

2 将土豆、胡萝卜洗净，然后去皮，再次洗净后，切与牛腩同等大小的方块。

3 洋葱洗净切小块；蒜去皮洗净，切蒜粒。

4 炒锅中倒入适量油，烧至七成热，放入蒜粒、洋葱块，炒至出香味。

5 然后放入焯水后的牛腱块，和蒜粒、洋葱一起翻炒均匀。

6 再加入足量清水入锅中，放入咖喱块，大火煮开后，转小火焖煮 1 小时。

7 1 小时后放入土豆块和胡萝卜块，适当搅拌一下，加盖继续煮至土豆、胡萝卜熟透。

8 最后根据个人口味加入盐调味，转大火收至汤汁浓稠即可。

来自樱花国的问候

日式土豆炖牛肉

40 分钟

简单

— 主料 —

肥牛片	200 克
土豆	2 个
洋葱	1 个
胡萝卜	1 根
魔芋丝	1 盒

— 辅料 —

米酒	2 汤匙
红糖	1 茶匙
姜	2 片
生抽	2 汤匙
白糖	1 汤匙
盐	适量
油	1 汤匙

日本的土豆炖肉用的是一种叫“味醂”的调料，类似中国的料酒，配料中的米酒加红糖就是为了贴近这种味道。

— 特色 —

看着窗外雪花飞舞，捧一碗暖暖的牛肉汤，真是好不惬意！牛肉含有丰富的蛋白质，中医认为，牛肉有暖胃作用，是寒冬季节的补益佳品，在冬天多喝些牛肉汤是必须的。

1 肥牛片切成 5 厘米左右的片，如果是涮火锅那种肥牛片则不用处理。肥牛片在热水里冲洗到颜色发白，沥干待用。

2 魔芋丝去掉包装里的水，用清水冲洗一遍后加清水泡一会儿，再次用清水冲洗干净，沥干待用。

3 土豆、胡萝卜去皮切滚刀块，洋葱切三角形片。这道汤菜需要炖煮，因此蔬菜都不要切得太小。

4 开中火，汤锅内放油，放姜片和牛肉片，翻炒至牛肉变色微卷后，加米酒和红糖翻炒均匀。

5 下魔芋丝、土豆和胡萝卜，继续翻炒一会儿，加入清水没过食材，转大火煮开。

6 大火煮开后撇去浮沫，尽量将浮沫去除干净，然后加入白糖。这道菜本身很甜，因此白糖的用量可以根据自己的接受度调整。

7 盖锅盖，中小火煮 10 分钟后加洋葱、生抽，搅拌均匀后继续煮至胡萝卜和土豆软烂。

8 开盖检查，土豆和胡萝卜软烂后即可放盐关火。上桌前可撒少量香葱碎装饰。

记忆中的味道

香菜羊肉汤

烹饪时间 40分钟

难易程度 简单

– 特色 –

民间有“药补不如食补，食补不如汤补”的说法，其中羊肉做的汤在滋补汤类中更是颇受追捧，温性的羊肉特别适合在冬天食用，能温阳散寒，补益气血，强壮身体，冬天喝上一碗香菜羊肉汤，整个人都会元气满满。

烹饪秘笈

羊肉膻味很大，用料酒和大葱腌制以及在沸水中过一遍都是为了祛除膻味。

— 主料 —

羊肉	300 克
香菜	35 克

— 辅料 —

盐适量	
料酒	20 克
大葱	10 克
白胡椒粉	1/3 茶匙
香葱	10 克

1 将羊肉洗净，加适量清水浸泡去血水，避免汤中出现腥味和膻味。

2 香菜择洗干净，切段备用；大葱切片；香葱切碎。

3 将羊肉切成约 2.5 厘米见方的块，加入葱片、料酒抓匀，腌制 10 分钟。

4 腌好后，弃掉葱片，将羊肉挑出备用。

5 锅中加入适量水烧开，再将羊肉倒入水中，沸腾后撇去浮沫。

6 净锅烧开水，把羊肉放入锅中，盖上锅盖煮 20 分钟。

7 锅中放入适量盐和白胡椒粉调味，关火放入香菜段。

8 搅匀后盛到碗中即可。

营养贴士

羊肉含有丰富的蛋白质，其含量较猪肉牛肉高；羊肉与猪肉和牛肉比，其钙、铁、维生素 C 含量更多，羊肉是滋补佳品，尤其适合冬天煲汤喝，它可以温补脾胃、肝肾等。

一切尽在不言中

羊肉白菜粉丝煲

70 分钟

中等

— 特色 —

这道粉丝煲有点儿东北乱炖的意思，只是没有那么豪放。也是一道适合冬天喝的汤。羊肉果然是冬天最适合用来煲汤的食材了，温润滋补的羊肉煲出的汤也是温暖之至，加上饶有趣味的粉丝，吸溜一口，不需多说，自是心中有数。

烹饪秘笈

砂锅内的羊肉煮开后，还会出现些许浮沫，要撇去不要，这样羊肉煲的口感会更加清爽；另外在砂煲中加入些许胡萝卜，可以更好地吸收掉羊肉的膻味。

— 主料 —

羊肉	500 克
红薯粉丝	100 克
娃娃菜	1 棵

— 辅料 —

姜	10 克
大葱	15 克
干红辣椒	5 个
料酒	2 汤匙
老抽	1/2 汤匙
生抽	1 汤匙
香醋	1/2 汤匙
盐	1 茶匙
油	适量

1 羊肉洗净，切 2.5 厘米见方的小块，在清水中浸泡 20 分钟，放入沸水中汆烫至变色后捞出，冲去浮沫待用。

2 红薯粉丝提前用温水泡软，然后洗净待用；娃娃菜洗净，撕小束。

3 姜去皮洗净，切姜丝；大葱洗净，切葱丝；干辣椒洗净，切碎段。

4 炒锅内倒入适量油，烧至七成热，放入姜丝、葱丝、辣椒碎炒出香味。

5 然后放入汆过水的羊肉，大火快速翻炒 2 分钟，并加入料酒炒匀，接着全部倒入砂锅中。

6 在砂锅内加满清水，调入老抽、生抽、香醋，加盖大火煮沸后转小火焖煮30分钟。

7 30 分钟后，放入泡软洗净的粉丝，中大火煮至粉丝熟透。

8 最后放入娃娃菜，搅拌均匀后煮至断生，并加盐调味即可。

营养贴士

羊肉性温，可以滋补，适合贴秋膘。民间有说法“百菜不如白菜”，秋天空气干燥，多吃白菜可以清热利水，不同的季节要吃不同的菜。

– 特色 –

现在流行“土”，越土越招人待见，因为那意味着够原生态、够纯粹。品这一锅农家炖土鸡，就是为了它的原生态，不得不说，它确确实实比饲养场里的鸡来得更鲜，肉质结构和营养比例更加合理，而且含有丰富的氨基酸和胶原蛋白，用最传统的方法炖最传统的食物，味道当然最正宗了。

料足味正宗
农家炖土鸡

烹饪时间 100 分钟　　难易程度 中等

— 主料 —

土鸡	半只

— 辅料 —

生姜	10 克
大蒜	5 瓣
大葱	15 克
干辣椒	10 个
八角	3 颗
桂皮	1 块
料酒	2 茶匙
老抽	2 茶匙
生抽	1 汤匙
蚝油	1 汤匙
盐	1 茶匙
油	适量

1 土鸡洗净斩成小件，在清水中浸泡 30 分钟，然后捞出，再次冲洗干净后倒入开水锅中汆烫 3 分钟捞出，冲去浮沫待用。

2 生姜洗净切片；大蒜剥皮洗净拍扁；八角、桂皮洗净待用。

3 大葱洗净斜切 3 厘米长段；干辣椒去蒂洗净，切 1 厘米的段。

4 炒锅内倒入适量油烧至七成热，加入姜片、蒜瓣、大葱、八角、桂皮、干辣椒段煸至出香味。

5 然后加入汆过的鸡块，转中火翻炒均匀。

6 调入料酒、老抽、生抽，翻炒至鸡块均匀上色。

7 再倒入适量开水，大火煮开锅后转中小火焖煮 1 小时左右。

8 最后转大火收干汤汁，加蚝油、盐调味即可。

烹饪秘笈

老抽和生抽可以用红烧酱油代替，烧出来同样鲜香诱人；也可以加入香菇一起烹煮，美味加倍。

吃什么补什么

香菇炖鸡肫

烹饪时间 30 分钟　　难易程度 简单

— 特色 —

鸡肫是什么？鸡肫就是鸡胗，按身体部位来说就是鸡的胃，俗话说“吃什么补什么”，吃鸡肫的好处就是消食健胃，涩精止遗，而且鸡肫的口感脆脆的，脂肪含量很少，搭配鲜美的香菇，绝对值得一尝。

— 主料 —

鸡肫	500 克
干香菇	100 克

— 辅料 —

生姜	5 克
香葱	2 根
干辣椒	5 个
料酒	2 茶匙
老抽	1 汤匙
生抽	1 汤匙
鸡精	1/2 茶匙
盐	1 茶匙
油	适量

1 鸡肫洗净切约 3 毫米厚的片；干香菇提前用温水浸泡至软，洗净切十字刀块。

2 生姜去皮洗净切姜丝；香葱洗净切葱粒；干辣椒洗净切 1 厘米左右小段。

3 炒锅内倒入适量油，烧至七成热，放入姜丝、干辣椒段，煸炒出香味。

4 然后放入鸡肫片翻炒几下，并倒入料酒，继续翻炒 2 分钟左右。

5 接着放入切好的香菇块炒匀，并加入老抽和生抽，炒至上色后倒入没过食材的量的清水。

6 小火炖煮 10 分钟后，加鸡精、盐调味，并转大火收汁，关火出锅撒入葱花即可。

烹饪秘笈

在超市可以买到处理好的鸡肫，回家稍加清洗即可；切好的鸡肫最好放入开水锅中汆烫一下，有助于去除异味。

浓香满屋

榛蘑炖鸭肉

烹饪时间 120 分钟

难易程度 中等

- 特色 -

夏末秋初，正是燥热的时候，这时候该来一锅鲜鸭汤去去火了，汤中加入榛蘑，与鸭肉相得益彰，一开锅就能闻见满屋的香气，谁闻见都会等不及的。

焯过水的鸭肉再煸炒一下，将鸭肉中的水分煸干，可以更好地去掉鸭肉的腥味，将鸭皮中的油脂煸炒出来，减少肥腻感。炖鸭肉的时候用啤酒代替水能让肉质更鲜美，不干不柴。

— 主料 —

鸭子	半只
榛蘑（干）	100 克

— 辅料 —

姜	10 克
葱	5 克
老抽	1 茶匙
生抽	1 汤匙
料酒	1 汤匙
啤酒	150 毫升
花椒粉	1 茶匙
白糖	1 茶匙
盐	适量
油	适量

1 榛蘑放入盆中，用温水泡 10 分钟，用手顺一个方向搅动盆里的水，洗去榛蘑上的杂质，再换一盆水清洗干净。

2 洗净的榛蘑再用温水泡半小时以上，捞出榛蘑，泡榛蘑的水留用；葱切大段，姜切片待用。

3 鸭子除掉余毛洗净，切成大块；取一汤锅，将鸭肉冷水下锅，开大火焯出血沫后用温水洗净沥干。

4 炒锅中放少许油，开小火，下焯过水的鸭子煸炒，直到煸干鸭肉中的水分，鸭皮出油微焦。

5 转中火，下葱段、姜片炒出香味，倒入料酒、老抽、生抽、白糖，翻炒到均匀上色。

6 倒入啤酒，加入泡榛蘑的水。不要一次全倒进去，总汤量以没过鸭肉为宜。盖锅盖大火烧开。

7 水开后转中火炖 40 分钟，直到鸭肉变软。加入榛蘑，继续盖盖炖 20 分钟，使榛蘑的香味充分释出。

8 最后加入花椒粉，调入适量盐即可出锅。

营养贴士

榛蘑含有人体必需的多种氨基酸和维生素，经常食用可增强机体免疫力，有健脑益智、益气补身、延年轻身等作用。

海的味道吃了才知道

明虾蟹煲

30 分钟

中等

—特色—

秋季，是蟹最肥的时候，蟹肉肥美鲜嫩，虾肉柔嫩弹牙，就连这其中的配角白菜帮子都变得与众不同，在合适的季节吃合适的菜，就连最普通的白菜在秋季都是可以清热利水的绝佳蔬菜，有了它们，你就尽等着享受味蕾上的多重惊喜吧！

烹饪秘笈 梭子蟹洗净切块后，可加少许料酒稍加腌制，能够很好地去除腥味；明虾在清洗时，要记得开背并挑去虾线。

— 主料 —

梭子蟹	2 只
明虾	400 克
白菜帮	100 克

— 辅料 —

姜片	少许
姜末	5 克
蒜末	5 克
葱花	5 克
干辣椒	5 个
花椒	1/2 汤匙
料酒	2 汤匙
盐	2 茶匙
油	适量

1 将明虾、梭子蟹仔细洗净，并将梭子蟹斩小块，沥水待用。

2 白菜帮洗净，切长约 2 厘米的段；干辣椒洗净，切碎段；花椒洗净。

3 炒锅内倒入适量油，烧至七成热，放入姜片和明虾，翻炒至虾身变色后，捞出待用。

4 将梭子蟹放入油锅中，同样炸至蟹块变色后，捞出沥去多余油分待用。

5 锅内留适量底油，放入姜末、蒜末、干辣椒、花椒，爆炒出香味。

6 接着放入切好的白菜帮，大火快炒至白菜帮五成熟。

7 然后放入炸制后的明虾和蟹块，继续翻炒均匀后倒入 200 毫升清水焖煮 3 分钟。

8 3 分钟后再烹入料酒并翻炒均匀，加盐调味，撒入葱花后，出锅装入砂煲中即可。

营养贴士

这道菜可谓色香味及营养俱全。虾和蟹低脂低醇，老少皆宜；富含蛋白质和人体所需的多种微量元素，咸淡适宜、口感独特，可补肾壮阳、滋阴健胃。

汇聚鲜滋味

番茄鸡蛋疙瘩汤

烹饪时间 25 分钟

难易程度 简单

特色

经典永远无法撼动，番茄，鸡蛋，疙瘩汤，这三个美食界的经典大腕汇集于此，一碗浓而不黏、稠而不厚、软糯适中的番茄鸡蛋疙瘩汤就诞生了。它融合了番茄红素的抗衰老，鸡蛋的优质蛋白质，还有面粉的养心益肾、健脾厚肠，最重要的是它好喝啊，我都忍不住要去大显身手了。

烹饪秘笈

为了使疙瘩汤的口感更好，要将番茄的皮去掉；将番茄划十字花刀，放入开水中烫 1 分钟左右，就可轻松撕去外皮了。

— 主料 —

面粉	100 克
番茄	1 个
鸡蛋	1 个

— 辅料 —

大葱	5 克
香菜	2 根
水淀粉	2 汤匙
生抽	1/2 汤匙
白胡椒粉	1/2 茶匙
鸡精	1/2 茶匙
盐	1 茶匙
油	适量

1 面粉倒入大碗中，慢慢加入温水，并用筷子不断搅拌成絮状待用。

2 番茄去蒂洗净，切成薄片；鸡蛋打散成蛋液待用。

3 大葱洗净，切葱花；香菜择洗干净，切香菜碎。

4 炒锅内倒入适量油，烧至七成热，放入葱花爆香后转小火。

5 接着放入番茄片，慢慢炒至番茄软烂，并加生抽调味。

6 然后加入适量清水，待开锅后倒入面絮，搅拌几下。

7 再倒入水淀粉勾芡；汤汁微微沸腾时倒入蛋液，边倒边搅拌，使蛋液形成蛋花。

8 最后调入白胡椒粉、鸡精、盐调味，依个人口味撒入香菜碎即可。

营养贴士

融合了番茄、鸡蛋和面粉的这道汤，营养也绝对是 1+1+1 > 3 的效果，常吃还可以抗衰老、消食健脑，不仅可以作为汤菜，也可以作为主食。

一碗浓汤开开胃

酸辣汤

15 分钟

简单

– 特色 –

酸辣汤里的食材很随意，在我看来，这道菜的精髓在于胡椒粉，产自我国海南的胡椒，经过道道工序变成胡椒粉，然后它不辞辛劳来到我们的餐桌上，只想为我们带来温胃散寒的作用，小小的身躯蕴含着巨大的能量，让你从嘴“热”到胃，它还可以治疗慢性胃病呢，所以，为了自己的身体也要常喝哦。

烹饪秘笈

注意淋蛋液的时候，汤要一直保持微滚或者滚沸，这样才能做出漂亮的蛋花；此外水淀粉的用量以汤汁略变得浓厚一些就可以，不必做成羹一样的稠度。

— 主料 —

猪里脊肉	100 克
笋片	50 克
嫩豆腐	50 克
干木耳	5 克
干香菇	3 朵
鸡蛋	1 个

— 辅料 —

香菜	15 克
鸡汁	1 汤匙
料酒	2 茶匙
酱油	2 汤匙
米醋	3 汤匙
白胡椒粉	1/2 茶匙
水淀粉	适量
香油	少许
盐	1/2 茶匙
油	2 汤匙

1 木耳、干香菇分别用温水泡发洗净，切丝；猪肉、笋片分别洗净切丝；香菜洗净切碎备用。

2 锅中放油烧至四成热，下入猪肉丝滑散，用料酒烹香后盛出。

3 另起一锅，锅中加入清水煮沸，放入鸡汁、豆腐、香菇、木耳、笋片丝、肉丝，煮沸后改小火。

4 调入酱油、料酒、盐、白胡椒粉调味，然后用水淀粉勾芡。

营养贴士

胡椒作为酸辣汤里一味重要的调料，作用可不容小觑，它的主要成分是胡椒碱，能祛腥、解油腻，助消化；胡椒性温热，对胃寒所致的胃腹冷痛、肠鸣腹泻有很好的缓解作用，并对治疗风寒感冒有一定功效。

5 在汤微沸状态时，将鸡蛋打散成蛋液，然后用装着蛋液的碗在汤锅上方，一边画圈一边徐徐淋下蛋液。

6 最后加入醋拌匀，淋入香油，依个人口味撒入香菜即可。

韩剧迷们的最爱

辣白菜豆腐汤

简单

– 特色 –

甜辣的韩式泡菜，加上水嫩嫩的白豆腐，还有几片五花肉片，一顿慢熬，辣白菜的香甜味全数进入汤汁里，弥漫于厨房间，只觉口水止不住啊，想象一下在寒冷冬天的早上喝一碗，一整天都不会感觉冷呢。

做辣白菜豆腐汤，选用中豆腐是最适合的，口感嫩滑却又不像嫩豆腐那么脆弱易碎；辣白菜本身有一定的咸味，所以加盐调味时要把握好分量。

— 主料 —

辣白菜	1 棵
中豆腐	350 克
猪五花肉	200 克

— 辅料 —

姜末	5 克
蒜末	5 克
葱花	5 克
料酒	1 茶匙
生抽	1 茶匙
盐	1 茶匙
油	少许

1 猪五花肉洗净，切薄片，加入料酒、生抽抓匀，腌制待用。

2 中豆腐洗净，切边长 4 厘米、厚 1 厘米的方块；辣白菜切细丝待用。

3 取一炒锅，锅中放少许油，烧至七成热，放入姜末、蒜末，爆出香味。

4 然后放入腌制后的五花肉片，大火翻炒至肉片微卷；然后放入辣白菜丝翻炒均匀。

营养贴士

豆腐被称为“植物肉”，营养价值极高，为补益清热养生食品，长期食用可以补中益气，清热润燥、生津止渴。

5 再将炒锅内所有食材倒入砂锅内，将切好的豆腐块均匀平铺在上层，加入没过豆腐块的清水。

6 开大火，将汤煮沸，然后转中小火煲煮 15~20 分钟；最后加入盐调味，撒上葱花即可。

简单的美味

香菇豆腐汤

15 分钟

难易程度 简单

特色

这是一道看起来简单但是却会让人惊艳的汤品，香菇和豆腐大火快煮，颜色透亮清澈，其蕴含着豆腐和香菇的双重营养，大豆的优质蛋白和菌类丰富的酶类，在保健身体的同时，又简单好做，赶快学起来吧。

烹饪秘笈

嫩豆腐在烹饪之前可先用淡盐水浸泡，可以去掉豆腥味，还能使其在煮制的过程中不易碎掉。

— 主料 —

鲜香菇	3 朵
嫩豆腐	300 克

— 辅料 —

胡萝卜	40 克
姜末	5 克
蒜末	5 克
葱花	5 克
白胡椒粉	1/2 茶匙
鸡精	1/2 茶匙
盐	1 茶匙
油	少许

1 将嫩豆腐小心地从盒里取出，然后切成 2 厘米见方的块待用。

2 鲜香菇洗净，尤其是伞盖下面的褶皱处，然后切薄片；胡萝卜去皮洗净，切细丝。

3 炒锅内倒入少许油，烧至七成热，放入姜末、蒜末翻炒出香味。

4 然后放入切好的香菇片、胡萝卜丝翻炒片刻，接着倒入适量清水，大火烧开。

5 开锅后放入切好的豆腐块，大火再次煮沸后继续煮约 3 分钟。

6 最后加入白胡椒粉、鸡精、盐调味，撒入葱花即可。

营养贴士

豆腐营养丰富，含有铁、钙、磷、镁等人体必需的多种矿物质，还含有糖类、脂肪和丰富的优质蛋白质，素有“植物肉”之美称，豆腐的消化吸收率达 95% 以上，是老人和儿童非常理想的食补佳品。

烙印在唇边的嫩滑

砂锅炖豆腐

50 分钟

简单

特色

豆腐是个神奇的东西，炖制时间越是长久，口感反而变得越是松软嫩滑。而且，豆腐的蛋白质含量真不是盖的，两小块豆腐就可以满足我们一天所需的蛋白质，有了这样一锅炖豆腐，简直不用喝牛奶了。

烹饪秘笈

豆腐切块时不要切得太大，那样会不容易入味；也可以在焖煮前先将豆腐焯一焯，只是在焯水的时候不要翻动太大，否则豆腐块会很容易碎掉。

— 主料 —

嫩豆腐	400 克
韭菜	80 克

— 辅料 —

生姜	10 克
大蒜	3 瓣
干辣椒	3 个
老抽	50 毫升
蚝油	1 汤匙
鸡精	1/2 茶匙
盐	1/2 茶匙
油	少许

1 嫩豆腐在清水中轻轻冲洗一下，切边长 3 厘米左右的方块。

2 韭菜择洗干净，切 5 厘米左右的长段待用。

3 生姜、大蒜去皮洗净，切姜片、蒜粒；干辣椒洗净，切碎段。

4 炒锅内倒入少许油，烧至七成热，放入姜片、蒜粒、干辣椒段爆香。

5 接着倒入约 500 毫升清水，并调入老抽、蚝油，大火烧开。

6 开锅后倒入豆腐，轻轻搅拌几下，加盖继续煮至开锅后将所有食材转入砂锅内。

7 用中火焖煮 25 分钟，再放入切好的韭菜段，继续煮至韭菜断生。

8 最后调入鸡精、盐调味，搅拌均匀就可以了。

营养贴士

韭菜性温，味辛，具有补肾起阳的作用；韭菜含有挥发性精油及硫化物等特殊成分，散发出一种独特的辛香气味，能增进食欲，增强消化功能；韭菜的辛辣气味还有散瘀活血、行气导滞作用；韭菜含有大量维生素和膳食纤维，能增进胃肠蠕动，治疗便秘，预防肠癌。

属于冬的味道

白菜煲板栗

烹饪时间 30 分钟

难易程度 简单

特色

冬天是吃板栗的季节，每次看到有卖糖炒栗子的地方总是忍不住去买，香、软、酥、糯的板栗入口就是满满的幸福。板栗还有补肾健脾、强身健体、益胃平肝的功效。白菜煲出来的清甜汤水浸入板栗里，味道更香甜，这种好吃又营养的汤煲怎么可以错过呢？

烹饪秘笈

买板栗时尽量买剥好壳的，回家会省事儿很多，但购买时一定要仔细挑选，不要买到泡过水的板栗，那样的口感极差；如果只买到带壳的，可以将板栗划上一道口，然后入水煮至口开大，冷却后即可轻松剥去外壳。

— 主料 —

娃娃菜	2 棵
剥壳板栗	200 克

— 辅料 —

鸡汤	800 毫升
青椒	1 个
红椒	1 个
葱花	5 克
白胡椒粉	1/2 茶匙
水淀粉	2 汤匙
盐	1 茶匙
油	少许

1 娃娃菜洗净切指头粗细的长条；剥壳板栗洗净，沥水待用。

2 青椒、红椒去蒂、去子，然后洗净，切小块待用。

3 炒锅内倒入少许油，烧至七成热，放入切好的青红椒块翻炒几下。

4 然后倒入鸡汤（或者其他高汤），大火烧开后放入板栗，继续煮约 15 分钟。

5 待板栗熟透后放入切好的娃娃菜，大火煮至娃娃菜变软。

6 最后加入白胡椒粉、盐调味，调入水淀粉勾芡；撒入葱花即可。

营养贴士

板栗营养丰富，维生素 C 含量更是比番茄还高，还含有钾、锌、铁等人体所必需的矿物质，是一种绝佳的营养食材。

酸甜好滋味

番茄粉丝煲

20 分钟

简单

- 特色 -

虽然我们都吃过番茄，也吃过粉丝，但是番茄粉丝煲还没有尝试过，酸酸甜甜充满番茄红素和维生素的番茄和具有良好附味性、能吸收各种鲜美汤料味道的粉丝搭配在一起，想想都满口生津呢，但是提醒体寒的人和孕妇要少吃，不过在夏天的话就没关系啦。

烹饪秘笈

番茄一定要去皮，这样出来的粉丝煲口感会更好；简单去番茄皮，可以先将番茄划上十字刀口，然后入热水中烫2分钟，就可以轻松撕去外皮了。

— 主料 —

龙口粉丝 150克
番茄 1个

— 辅料 —

番茄酱 3汤匙
香葱 5克
白砂糖 1汤匙
盐 适量
油 适量

1 粉丝提前用温水浸泡15分钟，捞出洗净，沥干多余水分待用。

2 番茄洗净去皮，切小丁待用。

3 香葱去根须洗净切葱粒。

4 炒锅入油烧至六成热，下番茄酱小火炒至出香。

5 然后下切好的番茄丁，翻炒片刻。

6 加入适量清水，放入白砂糖，大火烧开。

7 开锅后下入粉丝，所有食材转入煲中，中火烹煮5分钟左右。

8 最后加盐调味，撒上香葱粒即可。

营养贴士

粉丝的营养成分主要是碳水化合物、膳食纤维、蛋白质、烟酸和钙、镁、铁、钾、磷、钠等矿物质，粉丝有良好的附味性，它能吸收各种鲜美汤料的味道，再加上粉丝本身的柔润嫩滑，更加爽口宜人。

香气扑鼻

红薯粉丝豆腐煲

烹饪时间 70分钟

难易程度 简单

- 特色 -

红薯粉丝热量比较低，比一般米饭低得多，可以当作减肥餐；而且，红薯粉丝中还含有一种物质，对保护人体皮肤、延缓衰老有一定的作用。再搭配富含蛋白质的豆腐，这一锅红薯粉丝豆腐煲，营养美味，香气扑鼻，赶快去煲一锅吧。

煎豆腐的时候要一面一面地煎，油热以后将豆腐慢慢滑进锅中，煎到一面金黄以后，一手拿筷子，一手拿一把炒菜铲，两手配合很容易就可以将豆腐翻过来，但是一定要等一面已经煎成金黄色定型以后，否则豆腐很容易碎。

— 主料 —

红薯粉	30 克
北豆腐	100 克
排骨	200 克

— 辅料 —

生抽	1 汤匙
白糖	1 茶匙
油	适量
大葱	5 克
姜	5 克

1 红薯粉丝用开水浸泡半小时，然后捞出用剪子略剪几刀，放在与体温基本相同的温水里。

2 排骨切成小块（这道菜排骨不是主角，切小块易烂），在清水中浸泡 20 分钟后，再次洗净，用热水焯一下，将焯出的血沫洗净。

3 北豆腐切成约 3 厘米宽、1 厘米厚的方块，葱去根须洗净后切大段，姜洗净去皮后切片。

4 取一炒锅，锅中倒入 2 汤匙油，开中火，将豆腐块下锅煎至两面金黄，煎好的豆腐捞出控油。

5 炒锅留底油，开中火，放入焯过的排骨块煸炒，炒到表面微微发黄。

6 放入葱段、姜片爆香，加入生抽、白糖炒匀后倒入砂锅。

7 倒入两碗热水，开大火煮沸后转中火，加盖炖半小时。

8 打开盖子将泡好的粉丝均匀铺在锅里，粉丝上面盖上煎好的豆腐，加盖继续炖煮到粉条软烂即可。

营养贴士

红薯粉富含膳食纤维和淀粉，是粗粮制品，经常食用有利于均衡营养，增进肠道蠕动，可通便。